插圖目次

（第一圖）汕頭之廟

（第二圖）柴根附近堤岸之廟

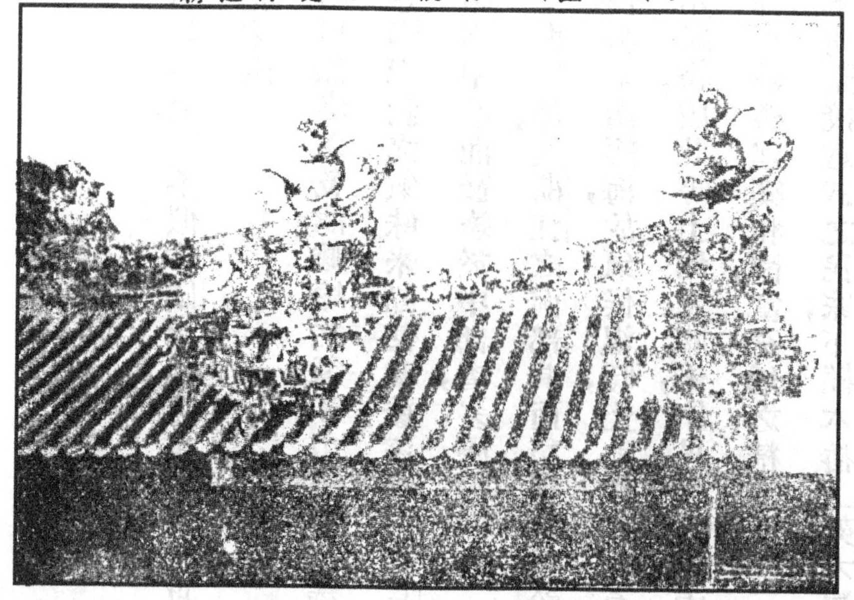

此外有一種奇說，謂中國有一種喜馬拉雅杉，其枝垂下，如人字形。中國屋頂之凹曲線，乃由人字形杉樹而來者云。但謂由此樹之暗示，成中國建築之形，實完全不足取之臆說也。

余以為中國屋頂形之由來，不可以一偏之理由說明之，只認為漢民族固有之趣味使然。要之屋頂之形，直線實不如曲綫之美，如是解釋，則簡明而且合理。中國之建物，多成三間，時或五間，皆成長方形。其上若為深廣之直線形屋頂，則其狀宛如積木細工，過於笨拙，而毫無變化，故漸加精密之工作，而使簷端向上，由是與人以輕快之感，而作曲線之變化。簷端則深深下垂，使人一望而知其向背，以完成温情多趣之一種形式，如第四圖甲乙二種，同大同高，甲之屋頂為直線形，則有笨拙之憾，乙為曲線形，則有輕快之感。

屋頂為中國建築最重要之部分，故中國人對於屋頂之處理

第四圖　屋頂形式

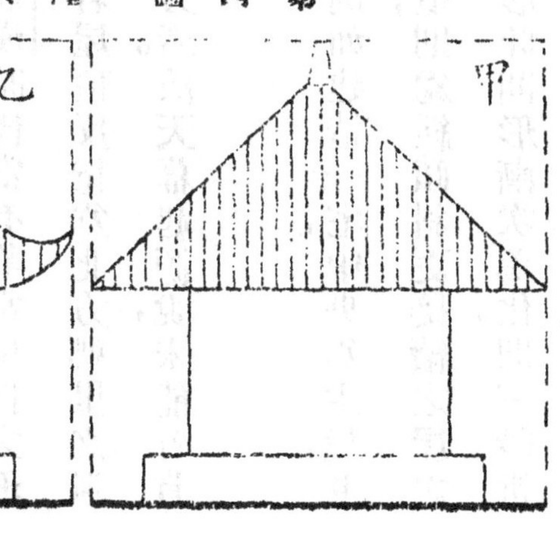

第五圖

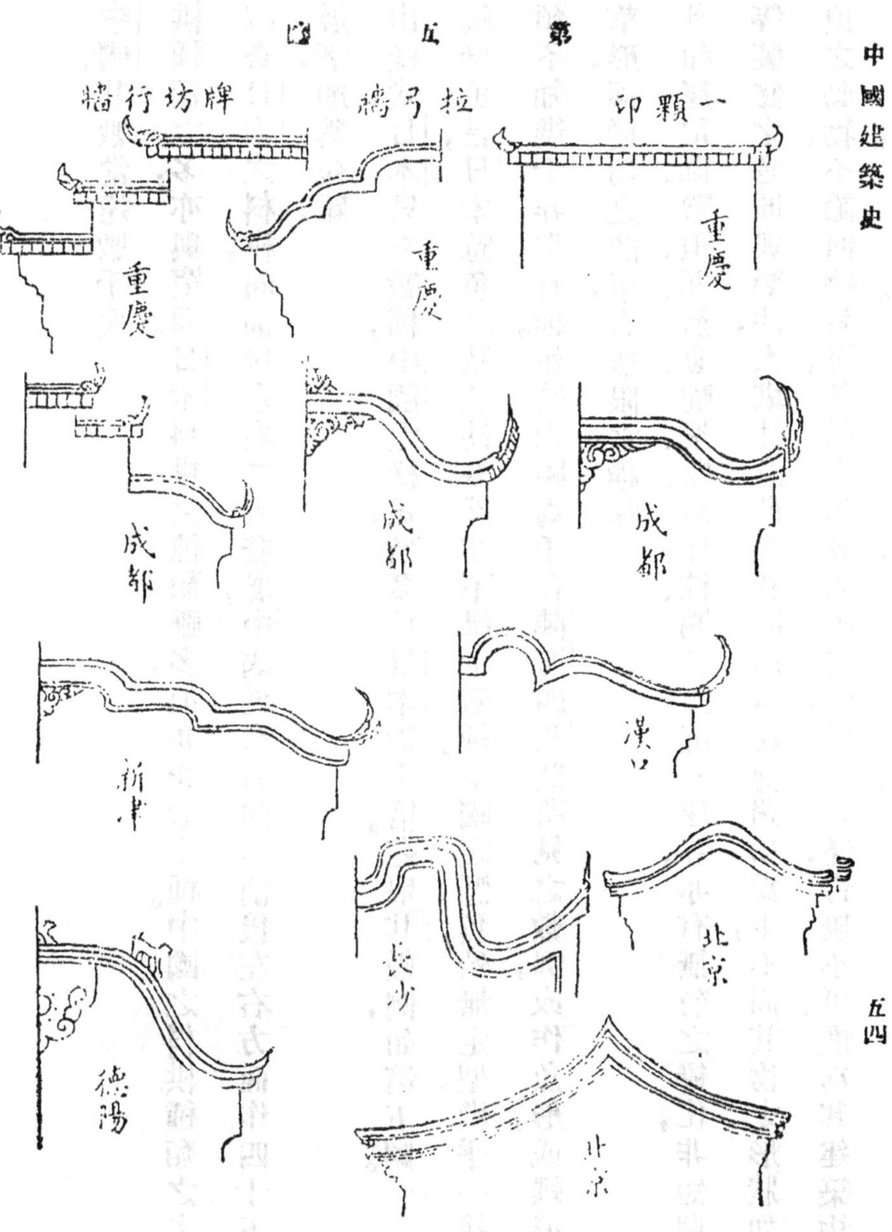

第六圖

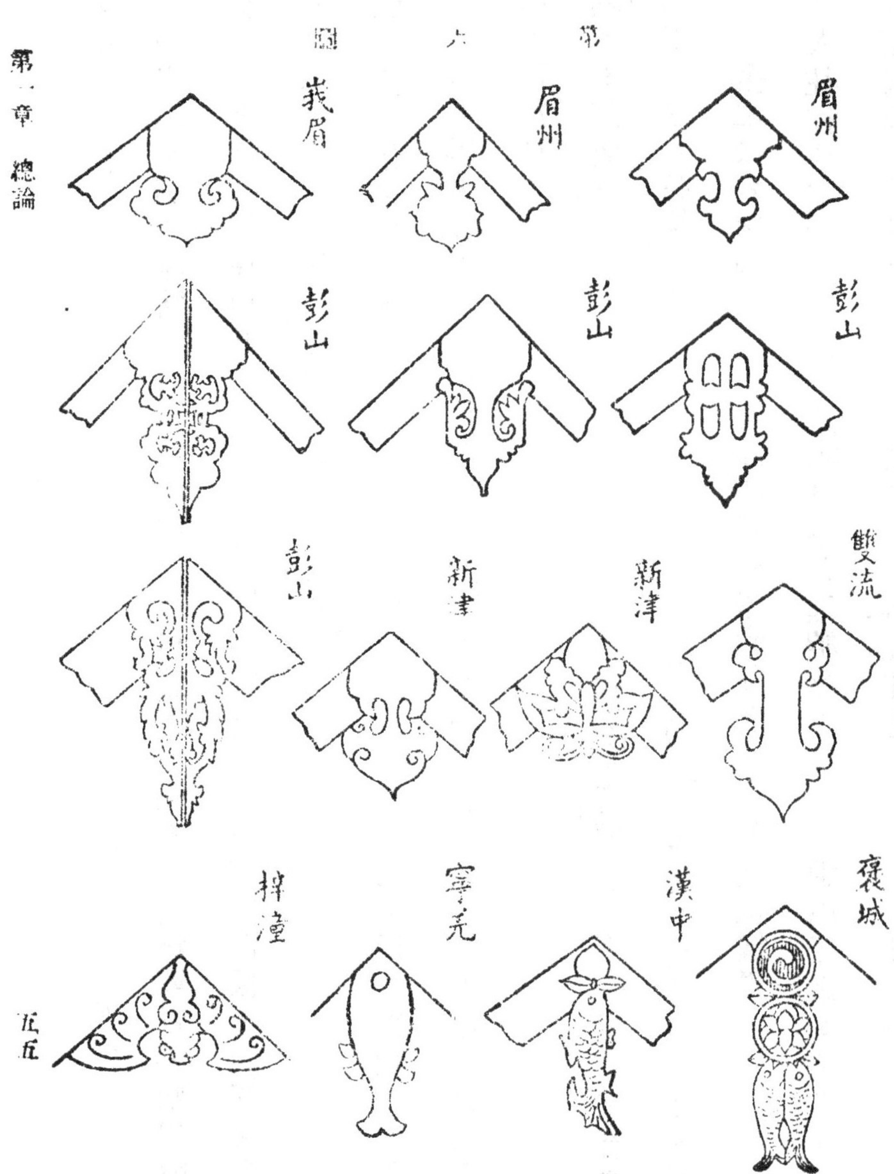

色	方位	季節	五行
青	東	春	木
赤	南	夏	火
黃	中央	土用	土
白	西	秋	金
黑	北	冬	水

水
金　土　木
火

色亦配以五行而爲五色，爲色之元素，即青赤黃白黑是也。若以今日之科學眼光觀之，則甚不得要領。名雖爲青，但青之性質，未曾限定，青綠藍皆謂之青，緋紅朱丹皆謂之赤，黃土雌黃柑色皆謂之黃。

青相當於溫和之春，爲木葉萌芽之色，其方位則爲東，爲日出時。赤相當於炎熱之夏，爲火燃之色，其方位則爲南，爲正午。黃相當於土，爲土之色，其方位則爲中央。白等於清涼之秋，爲金屬光澤之色，方位則爲西，爲日沒。黑等於寒冷之冬，爲水，爲深淵之色，方位則爲北，爲夜半。此五色又各有特殊

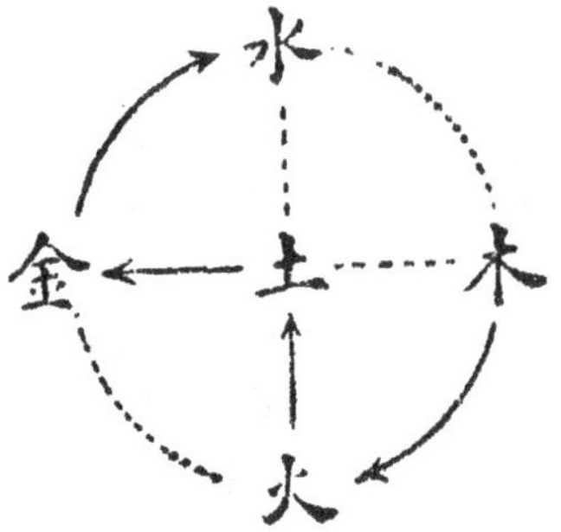

尺，東西十一步四尺。又云：「室三之一」，門堂之兩室與門，各佔全廣三分之一也。

次敍殷之宮室曰「殷人重屋，堂修七尋，堂崇三尺，四阿重屋」。重屋者，王宮之正堂也，其深七尋，即五丈六尺。一尋爲八尺，廣九尋，七丈二尺。四阿重屋者，兩重四面有簷之屋也。

次記周之宮室，「周人明堂度九尺之筵，東西九筵，南北七筵，堂崇一筵。五室，凡室二筵」。明堂者，明政教之堂。周以筵爲單位，一筵九尺。可知自夏殷以至於周，規模漸次增大。本文夏舉宗廟，殷舉王宮，周舉明堂，其種類不同，難以直接比較。要之皆爲同型之建築。周明堂之圖，載於聶崇義之三禮圖，然甚不得要領，只由五室之配置法與窗牖之狀窺知其大略耳。

又云：「室中度以几，堂上度以筵，宮中度以尋，

明堂

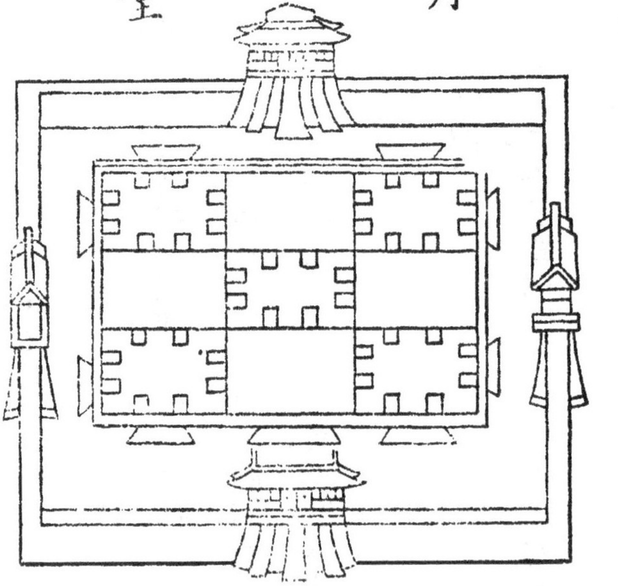

（第八圖）

周蓓 主編

『民國專題史』叢書

(日)伊東忠太 著 陳清泉 譯補

河南人民出版社

中國建築史

本書敘述了自周代至隋的中國建築的歷史，內容包括中國建築之位置、外人眼中之中國建築、中國建築研究之方法等，是第一部有關中國建築史的專著。作者以尊重客觀事實的態度來看待中國文化在世界歷史中的地位，看待日本古代文化和中國文化之間的淵源關系

圖書在版編目(CIP)數據

中國建築史 / (日)伊東忠太著; 陳清泉譯補. —鄭州 : 河南人民出版社, 2016. 10
(民國專題史叢書 / 周蓓主編)
ISBN 978-7-215-10508-9

Ⅰ. ①中… Ⅱ. ①伊… ②陳… Ⅲ. ①建築史-中國 Ⅳ. ①TU-092

中國版本圖書館 CIP 數據核字(2016)第 256637 號

河南人民出版社出版發行
(地址:鄭州市經五路 66 號 郵政編碼:450002 電話:65788063)
新華書店經銷 河南新華印刷集團有限公司印刷
開本 710 毫米×1000 毫米 1/16 印張 21.75
字數 150 千字
2016 年 10 月第 1 版 2017 年 1 月第 1 次印刷

定價 : 141.00 圓

出版前言

中國現代學術體系是在晚清西學東漸的大潮中逐步形成的。至民國初建，中央政治權威進一步分散和削弱，加之新文化運動帶給國人思想上的空前解放，新學的啓蒙，新知識分子的産生，民國學術如草長鶯飛，進入一個自由而蓬勃的時代。中國傳統學科乃中國學術之根基與菁華所在，民國學人采用『取今復古，别立新宗』之方法，引入西方的學術觀念，積極改造，使史學、文學等學科向現代學術方向轉型。此外，大力推介西方社會科學的新學科和自然科學，在學習、借鑒乃至移植西方現代學術話語和研究範式的過程中，逐漸建立中國現代學科，使中國的學科門類迅速擴展。一時間，新舊更迭，中西交流，百花齊放，萬壑争流，開創了中國現代學術的源頭。

伴隨知識轉型和研究範式轉换而來的，還有學術著作撰寫方式的創新。中國古代的著作向來以單篇流傳，經後人整理匯編後，方以成册成集的面目出現并持續傳播。直到十九世紀末，東西方的歷史編撰體裁不外乎多卷本的編年體、紀傳體和紀事本末體等，章節體的出現標志着近代西方學術規範的産生和新史學的興起。章節體具有依時間順序，按章節編排；因事立題，分篇綜論；既分門别類，又綜合通貫的特點。以章、節搭建起論述之框架，結構分明，邏輯清晰，較傳統的撰寫體裁容量大、系統性强。它的傳入，使中國現代學術體系從内容到形式被納入了全球化的軌道。民國時期專題史的研究、譯介、編纂、出版恰恰是在這樣的背景下欣欣而發，是學術的實驗場，也是歷史的記録儀。編選『民國專題史』叢書的初衷正是爲了從一個側面展示中國學術從傳統向現代過渡的歷史進程。

專題史是對一個學科歷史的總結，是學科入門的必備和學科研究的基礎，也是對一個時代艱深新鋭問題的解答，是學術研究的高點。民國專題史著作中，既包含通論某一學科全部或一時代（區域、國别）的變化過程的，又囊括對一時代或一問題作特殊研究的，還有少部分是對某一專題的史料進行收集的。原創與翻譯并重，翻譯的底本大多選擇該學科的代表著作或歐美大學普及教本，兼顧權威性和流行性，其中日本學者的論著占據了相當比重。日本與中國同屬東亞儒家文化圈，他們在接納西方學術思想和研究模式時，已作了某種消化與調適，從思維轉換的角度看，更便于中國借鑒和利用，他們的著作因而被時人廣泛引進。

與當代學術研究日趨專業化、專門化、專家化的『窄化』道路迥乎不同的是，中國傳統學術崇尚『學問主通不主專，貴通人不尚專家』的通識型治學門徑，處于過渡轉型期的民國學術在不同程度上保留了這種特徵。民國學術大師諸學科貫通一脉、上千年縱横捭闔之功力自不待冗言，外交家著倫理政治史、文學家著哲學史、化學家著戰争史等亦不乏其人，民國專題史研究呈現出開放、融通、跨界撰述的特點。與此同時必須看到，自晚清以來，中國的命運就在外侮屢犯、内亂頻仍的窘境中跌宕彷徨，民族存亡仿若命懸一綫。這股以創建學科、總結經驗、解决問題爲指歸的專題史出版風潮背後，包裹着民國學人企望以西學爲工具拯民族于衰微的探索精神，及以學術救亡的愛國之心。梁任公曾言：『史學者，學問之最博大而最切要者也，國民之明鏡也，愛國心之源泉也。』這種位卑未敢忘憂國的歷史使命感和國民意識是今人無法漠視和遺忘的。

『民國專題史』叢書收録的範圍包括現代各個學科，不僅限于人文社會科學，學科分類以《民國總書目》的分科爲標準，計有哲學、宗教、社會、政治、法律、軍事、經濟、文化、藝術、教育、語言文字、中國文學、外國文學、中國歷史、西方史、自然科學、醫學、工業、交通共19個學科門類。本叢書分輯整理出版，内不分科，單本發行，方便讀者按需索驥。既可作爲大專院校圖書館、學術研究機構館藏之必備資源，也可滿足個人研讀或興趣之收藏。

與目前市場已有的一些專題史叢書相比，『民國專題史』叢書具有規模大、學科全、選本精、原版影印的特點。本叢書選目首重作者的首創、權威和著作影響力，尤其注重選本的稀見性。所謂稀見，即建國後没有再版，且多數圖書館没有收藏，或即便有收藏，也是歸于非公開的珍本之列予以保存，普通讀者難以借閲。部分圖書雖有電子版，但作爲學術研究的經典原著讀本，紙質版本更利于記憶和研究之用。本叢書精揀版本最早、品相最佳的原版圖書作爲底本，因而還具有很高的版本收藏價值。

『民國專題史』的著作是民國學者對于那個時代諸問題之探究，往往有獨到之處，無論其資料、觀點短長得失如何，要之在中國現代學術史的構建與發展進程中，自有其開宗立論之地位。

目次

第三章　後期……一四一

附錄……六一

插圖目次

中國建築史

緒言

玆所謂中國建築之歷史，乃專由藝術方面觀察者，非由材料構造等土木的方面觀察者。卽敍述關於中國建築藝術之一般概念者也。

吾人所謂藝術者，普通指雕刻、繪畫、建築等，若以廣義解之，則詩與音樂、舞蹈、及其他特殊技藝，皆在其中。中國之藝字，太古時已有之。其後孔子之門人，身通六藝者七十二人。六藝者，禮樂射御書數是也。禮自制度律令以及祠廟之祭典冠婚葬等儀式，無所不包。雖爲一種之藝，而非所謂藝術也。樂則包括音樂舞樂等，多於祭典儀式上用之，當然屬於藝術。射卽弓術，御卽馬術，爲一種之體技，亦非所謂藝術。書爲中國特有之技術，以廣義解之，至某程度止，可認爲與繪畫相同，爲一種偉大藝術。

然而書寫文字，可謂爲藝術乎？此尚爲一種問題。然認爲藝術，當亦無妨。數卽算術，仍爲一種之藝，非藝術也。

要之中國所謂藝者，較今日吾人所謂藝術範圍，遙爲廣泛。大概爲有教育之人士注意之事項，非特殊之專門藝術也。

然則中國竟無所謂專門藝術乎？是又不然。然則何在乎？曰，在金石，在書畫。至於雕刻，在事實上則含於金石之中。而建築則爲木工之事業，古代不甚尊重。中國各種美術工藝，古代皆包括於金石之中。

中國所謂金石者，金類如銅製祭典用具、飲食器具、古錢、兵器、文具、裝具、鑄像等皆是。石類爲碑碣、及各種之石雕玉器甎瓦等，中國上古甚尊重之。然所以尊重之者，非因其有藝術的價值，實因其有骨董的價值也。卽書畫金石之學術，可稱爲一種考古學的藝術，亦可稱爲藝術的考古學。

是故就中國固有之藝術論，必以書畫金石爲本位。本此見地以論中國藝術者，最近有美國福開森 John Colvin Ferguson 氏。氏曾由此方面作極有趣味之研究。但與余所欲述之建築，則無甚關係。建築雖亦藝術之一科，但與中國之雕刻及繪畫不同，與金石無甚密接。故余述中國建築史時，無與金石接觸之必要。然又不能完全不顧。當考察古代建築時，在某程度以內，有相關聯，且或得其助力，或與以助力焉。

建築之學術，中國與日本，自古皆不甚尊重。歐洲則異常重視之。故研究建築之方法，在歐洲極有進步。余今敍中國之建築，雖亦依歐洲進步的研究方法；但中國之建築，爲特殊之建築，故敍述之時，有特別注意之必要。惟此種注意，在歐人則頗缺乏。余之研究方法，一方欲使中國式書畫金石之本位，不限於骨董方面。一方對於書畫金石，充分尊重，期由此而得有益之暗示。故此建築史之古代史中，在某程度以內，有書畫金石史之片影。

中國建築史之範圍，實極廣大。若詳述之，頗費時日，欲於短期間盡述之，則勢有不能。不能盡述，則不能竭其委曲，雖欲得其要領，亦屬至難。故在敍述方面，務期通俗。然有時或不免於專門而陷於難解者，亦不得已也。幸讀者諒之。

第一章 總論

第一節 中國建築之位置

中國之建築，在世界建築界中，究居何等位置乎？若將世界古今之建築，大別之為東西二派，當然屬於東洋建築。所謂東洋者，乃以歐洲為本位而命名者。雖依其與歐洲相距之遠近，區別為近東與遠東；但由建築之目光觀之，在東洋亦自有三大系統。

三大系統者，一中國系，二印度系，三回教系。此三大系各有特殊之發達，而擴張至亞細亞大陸之全部及阿非利加之北半部與歐羅巴之一部，南洋之一部。卽除東半球內歐羅巴之大部分外，其他悉稱東洋建築之領土，亦無不可。

中國系之建築，為漢民族所創建。以中國本部為中心，南及安南交趾支那，北含蒙古，西含新疆，東含日本其土地之廣，約達四千萬平方華里，人口近五萬萬，卽佔世界總人口約百分之三十。其藝術究歷幾萬年雖不可知，而其歷史實異常之古。連綿至於今日，仍保存中國古代之特色，而放異彩於世界之建築界，殊堪驚嘆。

印度系之藝術發軔於印度之五河地方，而發達於痕都斯坦之沃野，及於印度後印度（安南交趾支那以外）東印度諸島之大部分。其面積達二千七百萬方華里，人口約三萬五千萬，當世界人口百分之二十。印度藝術之起原，亦甚遼遠。其性質亦特殊。然自回教傳入以來，着着變化，古代之形式，已不復存矣。

回教系之藝術，胚胎於古阿剌伯，隨回教之勃興而迅速傳播於各地。其領域之廣大，稱世界第一。亞細亞洲無回教痕跡者，僅西伯利亞之大部分與日本耳。阿非利加洲中回教未曾侵入者，僅南方及中央之一部。至歐洲方面之西班牙，曾建西大食，當歐洲黑暗時代，爲西方文明之中心。今西歐之回教，雖然絕跡，但俄羅斯南境與巴爾幹半島之一隅，回教勢力，依然存在。其面積之確數雖不能知，但至少殆有一萬四千萬方華里，人口達三萬萬。然今之回教藝術，極其不振，雖曾經極盛之報達文化，與蒙兀爾朝之印度回教藝術，今亦僅存其殘跡而已。

東洋三大藝術中，仍能保持生命，雄視世界之一隅者，中國藝術也。印度藝術，隨國土之滅亡而衰，回教藝術，亦隨國土之衰亡而不振。中國雖衰，但地廣民衆，根底深固，雖隆盛不及往日，但仍大有可觀。況當其最盛時代，其優秀冠絕世界，今已爲世界所共認乎？近頃歐美學者，所以着眼於中國藝術，而由考古學上文化史上藝術上及其他各方面專心研究者，洵有因也。

中國藝術，何時發生？如何發達？實一難以解答之問題。其發生之年代爲幾萬年？前無論何人皆不得而知之。其發生之地爲何處？亦爲永久之謎。但中國藝術，實爲特發者，非由他國傳習而來者。然或者謂漢人種之發祥地，在西方亞細亞，其藝術遠受巴比倫與亞述之傳統；乃謂中國上古藝術之性質，傳自西亞者。此等研究，姑俟之後日。惟漢人創建之中國藝術，實有不可思議之特色，夫人皆能知之。中國藝術，完全與歐美異趣，又與同屬東洋藝術之印度系回教系亦大異。欲說明此奇異之特色，原甚困難。以下仍試一述之。若夫藝術之價值，各人所見，雖云各異，但余則認爲有一種偉大之氣魄，有不可端倪之技能。

第二節　外人眼中之中國建築

古今中外，對於中國建築之研究，甚不完全。中國人既不置重建築，故此類書籍甚少。余所知者，僅宋代編有營造法式，明代著有天工開物及現行之數種書籍而已。此數種書，不獨解釋困難，且無科學的組織，故有隔靴搔痒之憾。

歐美學者，注目於中國建築者，恐不出百年之上。近來之研究雖頗進步，然仍甚幼稚，而未得要領。對於中國之建築研究，所以不進步者，亦有種種理由。今試列舉其要領如左：

第一、歐美人視中國爲衰老之國而輕視之，對其建築，亦謂程度必低，而不深加顧慮。

第二、彼等不深知中國內地之實情，只見沿海各地少數之實例，其形式手法，與歐美建築完全不同，乃認爲奇怪之建築而一笑置之。

第三、彼等不通中國歷史，故雖見其建築，亦不明其歷史意味，而不能喚起興趣。其變遷之徑路既不明，則新舊之異同，自亦不知區別。故其所敍述者，遂有支離滅裂之弊。

第四、彼等不能讀中國之書。近今特殊之中國學者雖然輩出，頗能熟讀中國之原文，但前此之學者，則多不能。惟其不能讀中國書，遂不能了解建築之來由及其歷史，因不能作建築之研究。

第五、彼等探查中國內地非常困難，故不知內地有若干貴重遺物，因而在建築研究上橫生障礙。

因此種種原由，故歐美人關於中國建築之記述，悉屬孟浪杜撰者。今試舉其一例。距今四十年前英國法古孫 James Fergusson 著有印度及東洋建築史 History of Indian and Eastern Architecture 中有一節如左：

「中國無哲學，無文學，無藝術。建築中無藝術之價值，只可視爲一種工業耳。此種工業，極低級而不合理，類於兒戲。」

中國無哲學與文學一語，實所謂盲者不懼蛇之類，殊無批評之價值。彼所謂建築不合理者，卽指屋頂之輪廓，多成曲線耳。在彼等之見解，凡建築之屋頂，應限於直線，如用曲線則不合理云。此實非常之誤謬也。屋頂之形，絕無限於直線之理。若由中國人觀之，歐美之建築，亦未嘗合理也。要之彼以自國之建築爲合理，而以之律他國之建築，此如以自國之文典，律他國之語，而謂他國語爲誤謬也。

彼謂中國建築類於兒戲者，殆指堂塔之屋頂上列人與動物帶滑稽式，又簷懸鐵馬，叮叮而鳴之類耳。然此亦彼之獨斷，全不解中國建築之趣味。

法古孫之妄論，不惟對於中國爲然，且波及日本，謂「日本之建築，程度甚低，乃拾取低級不合理之中國建築之糟粕者，更不足論」云。

又十餘年前，英國建築家富列契 Banister Fletcher 氏著有世界建築史 A History of Architecture，其末章名曰非歷史的樣式，其中包括回教印度中國各系之建築。對於中國建築，亦佔數頁。然實支離滅裂，不足置論。彼謂「非歷史的」，實爲偏見。彼又謂中國建築，與南美古代祕魯及古代墨西哥，同爲奇異之建築，是亦未識中國之建築者。

古代墨西哥與古代祕魯之建築，今已不能闡明其眞相，因其已死滅也。彼所認爲有東洋氣味之點，亦在考古學的興味之外，以爲決無偉大建築的價值。中國之建築，自數千年前已大發達，直至今日，仍爲雄飛於世界一方之五億國民所有，乃與古代祕魯墨西哥同日而語，豈非偏見。

彼又謂中國建築千篇一律，自太古以至今日毫無進步，只爲一種工業，不能認爲藝術，只塔爲有趣味之建築云。其說較法古孫已略有進步。

彼謂中國建築千篇一律者誤也。實際中國建築，最多變化。只始見之人，不知其變化耳。例如吾人初見外國人時，謂外國人之面目皆一樣，及漸細認，乃知各個人中各異其面目。彼批評中國建築千篇一律者，實表示其對於中國建築觀察之淺薄耳。

最近德國之明斯特爾堡 Oskar Münsterberg 著有中國藝術史 Chinesische Kunstgeschichte 二册，中有建築史一節，其說較富列契更進一步，但仍謂中國建築程度甚低，太古以來，千篇一律，民家宮殿寺院皆陷於同型，無何變化。但亦謂塔頗富於變化而有趣味，其解釋亦頗有理由。如左：

塔非中國固有之物，而由印度傳來者，故不似中國之千篇一律，而富於變化。然塔與堂不相融和。歐洲古代之教會堂與鐘塔，亦各自獨立，其後乃融合爲一。而中國之佛堂與佛塔，永久不能融合，

蓋一爲中國系一爲印度系也

彼對於北京宮城之建築，則不得不驚嘆，謂必如是方足表示中國帝王之威嚴，殊爲偉觀。又因日本建築家詆爲卑俗而加以疏辨，謂由大局觀之，足云毫無缺點。所謂日本建築家，卽著者，曾實測北京宮殿而公表其所見於東京帝國大學工科大學學術報告者也。

其所著之書中，雖舉許多建築實例，然選擇不得其宜。關於年代之見解，亦不確。其結論之不能得當，固宜然也。

其他外人對於中國建築之斷片的研究與記述，尚多，今不能一一介紹。但與建築有密接關係之學術調查研究，頗堪注目。尤以歷史的考古學的及一般藝術之探檢，近時進步甚速，世界的名著，亦逐漸公刊。印度政府，曾派斯坦因探檢和闐方面，舉甚大之成績。法之伯希和，則在敦煌發掘，對於中國六朝至唐宋之藝術，與以一大光明。法之沙畹，探檢中國北部；德之魯柯克，探中國土耳其斯坦；俄之奧丁堡，同時探查新疆之一部，皆競自發表其成績。

日本人則殊有愧色，未能與法德俄英諸學者並駕齊驅。只大谷光瑞氏，探檢中亞，著有西域考古圖譜，此外則無之。至中國內地之探檢報告亦只斷片的而不完全，故不顯於世。然日本人在事實上已充分探檢中國各地，例如對於軍事、政事、商業、科學、藝術、及其他各方面，曾有各種人士，各作專門之探檢。惜乎各自孤立無綜合的聯絡。故雖研究而無系統。且日本人之探檢，規模甚小，故其成績亦不著，且又不能大膽發表其成績，又難得發表之便宜。此日本人所以罕有世界的大著也。

研究廣大之中國，不論藝術，不論歷史，以日本人當之，皆較適當。日本自古與中國有密接之關係，故理解中國遠勝於歐美人士。第一文字相同，研究中國之史籍甚易。第二、探檢中國內地，日本人因容貌相同，亦屬至便。故今後研究中國藝術，日本人有當積極進行之理由。然日本人之長處，亦即日本人之短處。蓋日本人所知者，中國之皮相也，因此不能得其眞髓，不能有根本的新發見。歐美人因在昔無中國之觀念，故能以嶄新之思想，突飛之努力，下獨創的考察。如史學大家希爾特先生之中國古代歷史，脫去舊來之因襲，完全由新見地以立論，眼光透徹紙背，實堪敬服。此亦彼之立場使然也。

第三節　中國建築研究之方法

研究中國建築之方法有二，一爲書籍之研究，一爲遺跡之調查。此二方面之成績若互相符合，卽可認爲眞正之事實。

中國之書籍，有足令人驚異者。中國自周代已有確實之書籍，當四千年前卽有確實之書籍，實爲世界所罕見。其浩瀚亦無與倫比，欲盡讀之，殆不可能。然若欲徹底的研究建築史，則又不可以不盡讀。必盡讀之，始能以如炬之史眼，由其中發見新材料，如於海濱沙中探覓金剛石也。又中國書籍，多誇大之記事，不能全信，故取捨之間，亦極不易。

調查遺跡亦一甚大之事業，三代以來之遺址，分布於中國全土者甚多。但如黑夜之星，無論何人，不能悉知。欲悉知之，非費長久之年月與多大之勞力不可。

例如發見一遺跡，當由書籍上調查其爲何種遺跡，屬於何代遺物。其樣式手法材料等，若確如書中所示之年代，原可定其標準。若兩者不一致，則問題複雜矣。要之書籍有誤傳者，遺物亦有後世改竄者。士人之傳說雖往往有重要之材料，但不能絕對置信，於是人人互異其所見而發生學說之爭論。

如上所述，故今日關於中國建築之書籍及遺跡之研究，仍甚幼稚，距完全之期，尚甚遼遠，然余所以敍述中國建築史者，亦自有故。余前後出遊中國者凡六次。第一次以北平爲中心，而調査其附近。第二次由北平起程，經河北山西河南陝西四川湖北湖南貴州雲南而入緬甸。第三次探査滿洲遼東。第四次探査江蘇浙江安徽江西諸省。第五次探査廣東省。其間雖略有所得，但中國領土廣大無邊，余之探査，不過得滄海之一粟，九牛之一毛耳。數年前，余作第六次探査，而至山東。山東之調査，實非常之大事業。山東爲古魯齊地，古跡之多，居中國第一。三代遺物，如齊桓公墓，孔孟之墓。秦之遺跡，則存於泰山。漢之遺構，則有武梁祠。六朝隋唐以後之遺物，則有靑州之雲門山駝山，濟南附近之佛跡，與曲阜文廟之碑等。

山東一省之遺物，欲完全踏査，尙非易事，況中國全體乎?若欲至中國探査完成之時，始作中國建築史，吾人究不能待。故余先就余所已知之材料而論述之。他日研究若有進步，再加以修補改竄

可也

研究中國建築方法之一，爲研究文字。蓋凡欲研究中國者，不問事實如何，文字之研究皆不能付諸等閑。蓋中國爲文字之國，中國之文字與他國文字，根本迥異。中國文字乃一有意義之研究資料。在建築方面，研究中國關於建築之文字，卽研究建築之本身也。

中國之文字，自爲專門之學科，今不能深說。而文字成立之動機，在實物之寫生，卽像形也。研究像形文字，卽能知實物之形體性質等。然欲知最古之像形文字，又爲特殊之專門事業。茲僅就數種建築文字略述之，由此可知研究文字之重要，及趣味之豐富矣。

關係建築之文字多冠以宀，卽象屋頂之形者。古文中寫作⋂，卽表示曲線形之屋頂者。而表示棟之形者，則有家宇宮室等字。堂字之⺌，乃表示屋頂之複雜裝置者。亭字之亠，則表較宀爲省略，乃簡素之屋頂也。

從广者，表示一方面有屋頂者。例如廊庇廂廡廓等。此在古代，一方爲壁，一方立柱，乃一方面有屋頂之通路也。厂亦與之相同，乃表示片面屋頂之更簡素者，如廁廚等。

其他門窗等之古字，明像實物。窗之古字，作囱或作囧。此在窗中嵌入格子之狀者據文學士後藤朝太郎之調查，囱及囧之古字如左，皆明示窗之輪廓與格子者。

囱古音 Tang，窗之原字，在牆曰牖，在屋曰囱。

前蜀鏡
金索

說文解字

囧古音 Kang，說文「囧者，窗牖麗廔闓明」之象形者字也。

單發卣 嘯堂

銘勳鐘（明字） 攷古

虢叔編鐘 筠清館

漢兒鼎 古鑑

同上 同上

毛公鼎 古籀補

晉姜鼎 嘯堂

謝明印

說文解字（黑字）

晉姜鼎 嘯堂

叔向父敦 古籀補

吳禪國山碑（嘿字）

同上

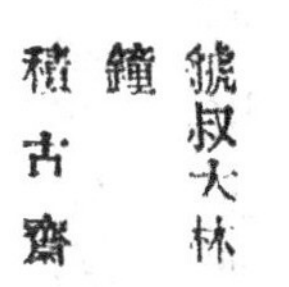

虢叔大林鐘 積古齋

其他又可由文字之組織，知物體之材料。例如柱從木，甎從瓦，釘從金之類。中國建築，以木材爲本位，其字多數從木。如柱楹梁棟梲枓栱檐棖楣桁等皆是。

此外又可由文字之構成而知其所作。如葬字爲置死者草間之形，則太古之葬儀及墓之建築之根元，皆可明瞭。御字表示以手行車或止之意。卩在古文爲𠬞，卽表手者也。窗配月爲朙，頗顯露無餘。及至後世，朙又變爲明，取日月相並爲明之意，更爲徹底。但終不如窗中配月爲明之趣味之深。因由此可以窺見古代中國人風雅趣味之一端也。

第四節　中國之國土——地理

無論何國，其藝術皆自國土與國民產出者。國土國民者，藝術之兩親也。故講中國建築史，必先講其國土與國民。

先就中國國土考之，所謂中國國土者，指中國本部，而其主要部，卽在注於黃河揚子江及中國海之江河流域地方，古代所謂漢人之中國者也。此一區域，爲亞細亞大陸之東端。自東向東南，以渤海黃海中國海限之。自西南向西，以峻岳高嶺與後印度及西藏爲界。自西北向北，以茫漠之沙漠接於蒙古，由此四塞之國土中，自行發生中國藝術而自行發達。在太古時代，未曾受外國之感化，其後經過長久年月，雖順次攝取西域與印度乃至極西亞細亞及歐土之文物；但當其初發時代，則與此等諸國無甚交涉，完全發揮漢民族固有之趣味，而完成一種奇異之文化，並感化其四鄰之民族。故朝鮮日本安南琉球等國及塞外諸蠻族，皆傳承中國之文化。此等諸國之共同事實，爲用漢字，用年號，用古代方孔之錢。此乃世界無論何國所未見之例也。

中國之藝術，因地而異，亦如歐羅巴之藝術，隨地不同也。中國之建築，北部與中部南部風調各別。亦如歐土德法意等風調之各別也。要之「中國建築」一語，亦如所謂「歐羅巴建築」，甚爲茫漠。中國各地原亦有共通一貫之性質，但詳細之點，則各地大有不同。一因土地之狀況異，一因住民之氣質異也。

建築背景之中國國土，可大別爲三區。一、中國北部，即黃河流域地方。二、中國中部，即揚子江流域地方。三、中國南部，即注於支那海之江河流域地方。

中國北部，包括河北山東山西三省，及河南陝西之北半部，甘肅省之大部分。其面積約三百三十萬餘方華里。除黃河下流及山東外，土地概屬荒涼，氣候峻酷，山盡露骨，無一樹木，只水邊有楊柳之類耳。河流亦悉露河底，水常乾涸，一旦大雨，卽氾濫而浸田野。而由蒙古吹來之狂風，常揚萬丈之黃塵，埋沒人馬。誠所謂慘憺之風土也。

中國北部之風物，自太古以來，無多變化。黃河自堯舜之時已常氾濫，賴夏禹施工而治之。由其情況想之，蓋因水源地之山中未有森林，平素雨少，而又時降暴雨故也。北部山無樹木，可舉唐杜牧之之阿房宮賦以為證。賦之開始云「六王畢，四海一，蜀山兀，阿房出，」可見秦始皇在咸陽附近營造宮殿時，其材料乃由蜀山伐出。所謂蜀山兀者，卽言伐盡蜀山而成禿山也。若當時附近之山有良材，又何必越秦嶺之險，由四川省伐木，而受搬運之痛苦乎？由此賦考之，可知秦都附近，卽黃河流域之山，皆乏樹木矣。阿房宮乃用木材建築者，所以項羽焚之，其火至三月不息也。

中國北部地方，因缺乏木材，故其主要建築材料，以黏土及甎為必要，因黏土及甎之原料極豐富也。今日與蒙古鄰接之邊境，村落民房，亦多用黏土作之，其法極簡單，卽以黏土層累作壁，上架高粱桿，其上又塗黏土以爲屋頂。高粱爲此處唯一之穀物，其莖之高，常近兩丈。粱長九尺或一丈左右之小屋，則束高粱之莖架於其上，已足用矣。然此種小屋，遇大雨則易崩壞。然大雨甚少，幾於無有。但常有烈風。烈風亦極善毀此小屋，但屋倒則復築之，土民亦不甚感痛癢也。

富貴者之房屋用甎，想亦上古之粗造而軟質者耳。用甎始於何時，無確實證據。史記龜策傳云：「桀作瓦室，」則夏時已用甎瓦爲建築材料矣。又舜曾陶於河濱，可知中國在極古之時，已能以黏土作瓦器陶器及甎矣。

河南省之洛陽以西，及陝西省之北部，常在丘陵之垂直面，橫穿土穴以居之。此土窟之中，往往備有數室，設備甚周。此地住民，或謂原來非漢人種。要之北部地方，缺乏建築材料，氣候又峻烈，故有此等風習也。易之繫辭云：「上古穴居而野處，後世聖人易之以宮室。」可知穴居爲上古普通之風習。詩大雅亦謂周先祖太王，在沮漆二水之側，營穴居生活。

後世人文發達，交通便利，中國北部之建築，遂亦與他地建築相混合。始則輸入木材，繼則輸入各種材料，故今日皆以木材與甎混用。建築材料變遷之次序，爲「黏土」——「甎」——「木材」

「木材與甎」

中國北部之建築性質大概鈍重，因中國北部之風物與人，皆鈍重故也。據余所見，雖同是漢人，北方之漢人，軀體豐滿容貌寬厚舉動遲鈍，其建築之性質，殆亦相同。宮殿廟宇，成一種悠然不迫之態度，細部之手法等，亦不流於奇怪，不甚陷於纖細，一見似欠流麗，但亦不落於稚氣。

中國中部，包括江蘇浙江之大部分，安徽江西湖北湖南四川之全部，河南陝西之南半部，甘肅之東南部，貴州雲南之北半部。揚子江流域，面積約達六百五十萬方華里，佔中國本部之過半。其土地極豐饒，平地以田畝充之，山以森林蔽之，無數之巨川，有舟楫之利。氣候亦較中國北部遙爲快適，各種物資豐富，卽謂中國生命之大部分由中部所保持，亦非過言也。

中國中部發達之藝術，活氣旺盛，而有活潑之元氣。故中國中部之人，才氣煥發，有英邁俊敏之資。自古卽有「楚才」一語，楚多才人，非偶然也。其建築因木材豐富，故自古皆爲木造。余在湖南邊境發現原始房屋，完全用木材建造，屋頂以茅葺之。其他宮室，亦全用木造，多有一甎不用者。故中國中部之建築，往往令人生輕快之感。屋頂之彎曲程度，北部曲率較少，而中部則甚顯。其裝飾的手法，異常複雜。

中國中部建築材料之變遷，爲「木材」——「木材與甎，」不似中國北部之重用黏土也。甎屋由北方發明而傳於中部，木屋則由中部發明傳於北方者。

北方與中部風物之相異，觀所畫而自明。北方之畫自然者，多乾凅峻嶮之氣味，山岳皆稜稜露骨。適用大斧劈，小斧劈，亂柴亂麻等皴法。南方之畫，有豐滿濕潤之氣味，米點甚爲發達。書法以長安洛陽爲中心而發達於北部者，多雄勁古怪。以大江一帶爲中心而發達於中部者，多優麗婉曲。

中國南部，包括福建廣東廣西之全部，貴州雲南之南半部，及浙江之南部。其面積三百萬餘方華里。此地由緯度言之，雖一部屬於熱帶，但北負南嶺山脈，東南臨海，故氣候溫暖，土地豐饒，山有蒼鬱之樹林。無數之江河，皆保浩瀚之水量。運輸交通多用船筏。因此等土地之關係，住民氣質較中部更爲敏活。富進取之精神，然往往近於過激。故其建築，亦與熱帶建築相同，富奇矯之精神。

此地之建築，皆由木材出發。余在雲南邊境，見日本所謂校倉式之民家，下植木椿，上架木屋，爲倉庫，此等式樣之屋，必在木材甚多之地而發達。其後亦輒石混用，以至於今。廣東地方則屢見用石

（第一圖）汕頭之廟

（第二圖）柴棍附近堤岸之廟

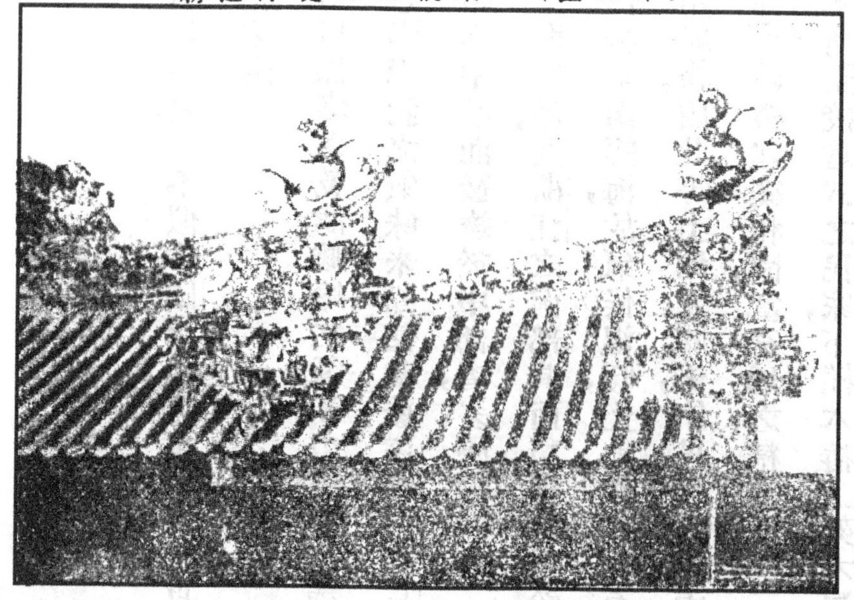

柱或築石壁者，蓋防白蟻及其他蟲害故也。他一方面，又表示此地石材之豐富。

中國南部之建築，茲舉汕頭一廟（第一圖）以爲例，其屋頂手法之濃厚繁雜，較中國中部尤甚，此乃表示愈南愈甚之事實者。交趾支那柴棍附近之提岸中國居留民有一廟（第二圖），其屋頂裝飾之複雜繁縟，不可盡述。吾人究不能忖度作圖案者之心理狀態如何也。

要之中國國土極廣，氣候風土，因地而異，不能一致；故其建築亦不能一致。地方的分類，大別之可分爲北中南三部。此三部建築之性質，北部鈍重，中部敏活，南部過激，即代表此三部住民之性質者也。

此三大部又當分爲許多小部。例如中國中部，雖爲六百五十萬方華里面積之大陸，但其土地情形，隨處不同。江蘇方面與湖南方面，住民之氣質不同，地勢亦異。再至四川，則又不同。中國無數小地方，各有其建築式樣而各不同。所幸北中南三大部之地勢，皆走向東西，與緯度並行，由一大河貫通之，故各地之事情，尚較統一。若三大部走向南北，與經度並行，南端北端不獨氣候相差，萬事亦皆將發生變調，即建築亦將更不統一矣。

要之，中國自開闢至今之命運，皆地理使然。詳言之，土地西高而東低，黃河揚子江自西向東而流，故將全國橫分爲三區。三區之風物各異，中國歷史，卽被此種地理支配。關於中國歷史當如何觀察，下節中當略述余之所見。

第五節 中國之國民——歷史

中國之歷史問題頗爲重大，茲惟就與建築史研究有密切關係者，略述其梗概。

產出中國藝術之漢民族，爲如何民族乎？茲先由其起源考之。拉克伯里主張西方亞細亞起源說，謂由巴比倫及亞述而來，今已無信是說者矣。希爾特先生等亦不贊成此說。結果解釋爲中國民族，乃發生於中國之特殊民族，而作成特殊之文化者。中國與西方亞細亞，自太古當然已有交涉，但不能以西亞爲漢族之故鄉。然則漢族果由何處發生乎，實難知也。

中國歷史始於何時，據今日之學說，周以前爲有史以前之傳說時代。周之發祥地，在黃河上流，其國都在今之西安附近，似爲漢族與蠻族之混合種。希爾特先生名之爲半蠻族。周以前之歷朝，相傳建都於今山東河北河南地方，故知漢族當有史以前，早發達於黃河下流之平野。

今之歷史家，有謂周以前爲架空之傳說時代者。希爾特先生曾謂堯舜不過儒教思想之人格化者耳，非實有其人。即謂儒教假造有名爲堯舜之聖人，作宣傳之用具者。又文學博士白鳥庫吉，亦公表堯舜禹抹殺論。謂漢族間自太古即有二種思想，一爲道教思想，一爲儒教思想。儒教思想派，假想有堯舜禹，以爲宣傳之用具，以堯爲天之代表，舜爲人之代表，禹爲地之代表，即天人地之人格化者。堯舜以前之三皇五帝，則爲道教思想派所假托者。試觀極神祕的儒教經典之書經，開始於堯，而不溯其以前，正史則自周始，可見此說有極深之根據矣。

原來成於中國人手之中國史，爲有一定模型之記錄，與今日吾人之所謂歷史，全異其趣。昔時日本之中國史學家，亦被囚於其模型之內，而不能有新研究。故今後中國史之研究，當全然脫離舊來之態度。以前之中國史，只史的人物之言行錄耳。重要事項之記載，亦只一種史料耳。吾人不可不由此史料構成眞歷史。

周以後即有史以後之漢族，如何發達乎？周朝始都於長安附近之豐，後東遷而都於雒，即洛陽也。洛陽在長安之東七百華里，與黃河接近。即文化之中心，沿黃河而東下，漸入河口之沃野。住此沃野之先住民族被漢族所驅逐，或滅亡，或漢化，或退至邊境，今之閩越苗疆暹羅諸蠻族皆是。至秦始皇始拓地至東海中部及南部，皆為其領土，而統一中國。然秦仍都於長安附近之咸陽，以防備中國北方及西北之匈奴。

中國四圍之異人種，常擾漢族，北方之匈奴，自古即為漢人之勁敵。所謂獯鬻玁狁犬戎等，皆同為沙漠地方之遊牧民族，居缺乏物質之地，因生存上之必要，常思奪取中國本部之沃野。西方之西藏族亦然。只東方近海者稍為安全。南方之蠻族，則因物資豐富，無犯中國之必要。漢人稱四圍之異人種，曰東夷、西戎、南蠻、北狄，自稱為中國，以誇中國之文明。其實對北狄之侵入，非常苦慮。秦始皇之築萬里長城，即為此也。

漢代秦而統一中國，懷柔匈奴，更振威於西域，成漢族大發展之偉業。漢代文化史上，有可大書特書者二：其一，前漢武帝時，博望侯張騫出使月氏，為匈奴所囚，後脫囚而西越葱嶺，入月氏。此時月氏併合希臘殖民國之大夏，攝取希臘文明，張騫遂得接近希臘文化。復進入安息，接近希臘系之文物。其後吏欲入西亞而不果彼齎入漢土之西域文物，對於漢代之文化，實與以一大影響。

中國與西域之交通自漢時始。後漢桓帝時，羅馬使者朝貢中國，中國亦遣使答之。漢代以中國之絹織物輸出於歐州，此乃顯著之事蹟也。由是中國之名，遂聞於歐土。

後漢明帝時，佛教傳入中國，此乃第二重大事項。今之西北印度當時之健陀羅也。此地方之大月氏沙門迦葉摩騰竺法蘭，攜佛典越葱嶺而入中國，至洛陽，於是始起佛刹，是爲白馬寺之起原。與佛教同起之各種佛教藝術，使中國藝術界生一大變動。此原爲印度系之藝術，但自健陀羅傳來時，已混入歐土希臘藝術之分子矣。

漢亡而爲三國，爲兩晉，四圍蠻族，乘此搖動。侵入中國，互相爭鬬而成五胡十六國之亂。末幾各小國漸次滅亡，由二民族分據中國南北而相對峙，卽南北朝也。北朝爲鮮卑族拓拔氏，國號魏，佔領黃河流域全部，都洛陽。南朝爲漢民族，宋齊梁陳相繼，皆都於今之南京。北朝分爲東魏西魏，又易爲北周北齊，及隋起而併合南北，中國全部復歸於漢人之手。南朝爲佛教藝術振興之期，興味最多之時代也。

唐代隋而統一中國全土，其餘威殆壓亞細亞之全部，遠及歐土，此爲中國民族大發展時代，亦即中國藝術達最高潮時代也。是時歐洲希臘藝術已亡，基督教藝術猶未成熟，文化之可觀者少，故世界之文化，全在亞細亞。亞細亞文化之放光明者凡三處，一爲西亞之回教國，以報達爲中心，二爲戒日王朝之印度，三即中國，以長安與洛陽爲中心。就中以中國文化爲最有光輝。印度大食（即回教王國）皆朝貢中國，日本亦有遣唐使與留學生，至中國學習其文物焉。中國文化，何故如是發展，雖爲有興味之問題，然至今仍未徹底的解決。余以爲自漢至南北朝，世界各國之文化，皆輸入中國，中國善攝取而調和之結果也。是故當唐之世，世界文化實已全集於中國，中國以寬宏之度量而迎之採之，遂有大成之觀。試就宗教言之，猶太教景教摩尼教祆教回教等，一齊傳入中國，中國不獨不加迫害，且與以相當之保護，或與以布教之自由。現今猶太教之遺跡，尚存於開封，景教之古碑，仍存於西安，回教現仍行於中國各地，至於佛教，則印度許多高僧至中國，演多大之活動，而自中國輸往外國之文化，分量亦甚多。中國人赴外國而輸入其文化之事蹟亦不少。例如六朝（指孫吳東晉及南朝）時東晉之法顯，由陸路入印度，周遊五天竺，經錫蘭爪哇，回至中國之山東。唐太宗時，玄奘三藏自西安越陸路葱嶺入西北印度，周遊五天竺，再經土耳其斯坦歸國。唐高宗時，義淨三藏由海路赴印度，經二十五年始回國。法顯之佛國記，玄奘之西域記，義淨之南海寄歸傳，皆爲佛教上並歷史上之貴重資料。此外自中國遠遊西域及其他各地者極多。在日本奈良朝創立唐招提寺之揚州鑑眞大和尙等，亦其中顯著之一人也。

唐代衰時，通古斯族之契丹自今之滿洲興起，掠取中原，佔領今之河北及山西之北部，國號遼。唐亡而成五代十國之亂世，未幾而統一於宋。然自遼之後，通古斯族之女眞起而滅遼，國號金，威迫宋朝。宋乃捨其汴京（卽今之開封）而南，遷都臨安，卽今之浙江省杭州，號曰南宋。金人既得黃河流域之全部，復垂涎揚子江流域，未能如願，而與南宋媾和，以保小康。不料成吉斯汗蹶起於外蒙古之北境，以疾風捲枯葉之勢，征服中亞及西方亞細亞之全部，蹂躪俄羅斯，攻入德奧。其子窩闊台滅金，孫忽必烈復迫南宋，南宋乃捨臨安而奔海洋，滅於廣東之崖山。蒙古人遂佔領中國全土，國號元，都於今之北京。此中國全部歸於蠻族之手之第一次也。

宋及南宋，雖繼承唐之文化，然其勢已衰。其繪畫及諸藝術，雖有禪宗之新趣味，工藝品等雖精巧有可觀者，然已全失唐人雄渾偉大之氣魄矣。元代之文化，一面繼續宋代，一面又放一種異彩。因元人佔有世界之大部分，故以世界的眼光，逸其常規而試行其新設施。聘西藏之八思巴爲國師，以喇嘛教爲國教，挽留意大利旅行家馬哥孛羅參與國家機密至十七年之久。使波斯人阿哈默德爲宰相而委以國政，迎羅馬教皇之使者，起天主教會堂。各種政令皆一變以前之態度。元雖八十餘年而亡，其歷史則大有興味，其藝術亦大有可觀。

元亡明繼，恢復中國，修葺北京以爲國都，綿延三百餘年。雖有文物隆盛之觀，實則其文化爲古典復興而無何等創建，哲學文學，殆皆祖述先哲或改竄之而已。徒泥末節而忘其根本，藝術亦如是。走入技巧之末節，而怠於創作。工藝品及輸出之普通品產製雖多，而趣味則頗下降。永樂之初期，雖有堅實之傾向，及其末世，則甚衰頹矣。

明末國運衰微，滿洲邊境之愛新覺羅氏起，乘明朝內亂混雜之際，奪其天下，奠都北京，國號清。此中國全土爲蠻族佔領之第二次也。

清承明之文化，仍急向低落而行。康熙乾隆時代，雖放一道之光明，未幾又急轉直下，學問藝術，皆無生氣，徒祖述古人之皮相而已。清初雖有康熙字典，古今圖書集成，淵鑑類函，佩文韻府，西清古鑑諸大作，但祇可謂爲整理編纂古人之著作，不得謂爲獨創之新著。藝術亦然；許多大建築皆蹈襲前代之式樣而不能及之。

滿淸國運漸衰，內憂外患，相繼而起。經鴉片之戰，洪楊之役，國家陷於多事，外敵乃乘隙而窺中國。然此次之北狄，非蒙晦之原始民族，乃可恐之俄羅斯也。南蠻非朝貢中國未開化之南洋人，乃可恐之歐羅巴人也。以前四圍之蠻族，必同化於漢土之文化；此次之蠻族，則不同化。以前不過反復中國之歷史，今則與古大異。淸之亡也，固屬當然，承其後之民國，今亦方在創造之時也。

以上爲中國五千年歷史之梗概。以前中國之歷史，爲漢族與蠻族爭奪中原之歷史。古之蠻族，較之漢族，文化低下，故漢人輕侮之，稱之爲夷狄，而自稱爲中國，自信爲世界最優之民族。夷狄在武力方面雖然勇猛；但爲無文化之野民，一旦與漢人文化接觸，當然心醉而同化。如拓拔魏擊退漢人，佔有漢土之北部。乃自禁胡語胡服，從漢人之風俗言語，畢竟武勝於漢，而文降於漢也。是故無論如何異人種，雖佔有中國，終悉爲中國化而已。

漢人之武力雖不敵夷狄，然能以巧妙之外交術數操縱之。例如漢元帝送王昭君於匈奴而懷柔之，唐太宗嫁文成公主於吐蕃而籠絡之，此乃漢人對於低級民族之奧妙技術也。及至清朝末期，歐士諸國開始干涉之際，清朝全不關心，以爲不久可以漢化；不料歐士諸國，自有文明，清朝之豫期，乃全陷於齟齬。

要之中國之文明，周時已甚發達。漢時威振西域，唐代隆盛，冠於世界，此爲中國文明之最高點。自宋次第下降，元時曾放一時之異彩，迨明以降，又着着下降，終至淸而滅亡。民國國情紛糾，不遑顧及藝術。故余謂今日中國無可觀之藝術。此五千年之古國，以古代文明之惰力，原亦不容消滅。故至今日，猶有認爲可驚嘆之藝術。但此乃既往之惰力，非生於現代之藝術也。人無百年之齡，藝術亦無萬年之壽。中國藝術，非別出新機，以圖生活，恐不能復古代之偉觀矣。

第六節　中國建築之史的分類

作中國藝術史時，分類亦甚困難，今試先舉以前二三之例，然後述余之所見。

英人布什爾（Bushell）區分中國藝術史爲三期：第一期爲原始時代，包括自上古至漢末。第二期爲古典時代，自漢以後至唐末。第三期爲發達及衰頹時代，總括宋以後至清。

余對於此種分類，不能敬服。其編入第一期中之周及漢，決不能認爲原始時代。因周漢之文化，已有可驚之進步也。第二期之六朝及唐，與其謂爲古典時代，寧稱極盛時代。第三期之宋以後，彼稱爲發達時代；以余觀之，至宋已漸下降，決非發達時代，要之布什爾之所見，與余之所見，有一期之齟齬。若以周漢以前爲原始時代，周漢爲古典時代，南北朝唐爲極盛時代，宋以後爲衰頹時代，明清爲古典復興時代，卽大概與余所見同矣。

希爾特先生將太古至唐分爲三期。第一期自太古至西域交通，卽至前漢也。謂此爲中國固有之藝術時代。第二期至佛教傳入，稱爲希臘大夏文明影響時代。第三期至唐，稱爲佛教藝術時代。

此等分類，在學術上頗得要領，然不發表唐以後之分類，不無遺憾。

明斯特爾拜爾之分類法，最爲適當，玆列表如左：

前期——
- 一 石器時代……紀元前二千年以前 卽自太古至夏之中葉
- 二 銅器時代……紀元前一千年以前至周初
- 三 銅鐵時代……紀元前二百年以前至漢初
- 四 漢藝術發達時代……秦漢 B.C. 256—A.D. 221

後期——
- 一 三國至隋 三國晉南北朝 221—618
- 二 唐時代 618—960
- 三 宋時代 960—1280
- 四 元時代 1280—1368
- 五 明時代 1368—1644
- 六 清時代 1644—

中國藝術史，若分爲前後二大期，則除以漢末爲界外，別無良法。卽前期爲漢族固有之藝術發達時代，後期爲佛教傳入以後受各國藝術感化之時代也。

前期更分爲四小期，但不用夏殷周等王朝之名，而用石器銅器等名。此乃不確信周以前各王朝之實在，只將正史以前認爲考古學領土之意。

第一期石器時代，自太古至夏之中葉，中國太古時曾使用石器，當然確實至周漢之世，其餘風猶有存者。玉器有五瑞六瑞五玉六玉之說，五瑞見於尚書舜典，六瑞見於周禮覲禮，五瑞為禮具，白虎通義云，珪璧琮璜璋五種。關於銅器，謂黃帝時已鑄銅鼎，但不足信。銅器之製作，恐在殷時。由書籍與遺物考之，銅在周前已有之。鐵則用於周之中葉春秋時代，管仲相齊桓公（紀元前六八五——六四三）曾請課鹽與針之稅，因無論何人無不用鹽與針者。此種課稅所以能恃為財源也。針乃鐵作者，惟當時曾否以鐵作兵器，則未知之耳。

鐵之發現不知始於何時，按史謂黃帝時蚩尤銅頭鐵額。黃帝又曾造指南車，指南車為磁石所造，而常指南。然則黃帝時已知用鐵矣。但此不能無疑。鐵製兵器，蓋自越王勾踐（紀元前四九六——四六六）時始有之。春秋時代楚王問兵器之沿革於風胡子。答曰軒轅（紀元前三〇〇〇）神農（紀元前二七三五——二七〇五）赫胥之時，以石為兵，黃帝時以玉為兵，禹時以銅為兵，……近時以鐵作兵，而威服三軍云。又吳有干將莫邪之劍，非常銳利，此必以鐵製者。然周代一般武器皆用銅，徵諸遺物亦可知之。由書籍考之，秦始皇一統天下，收天下兵器熔之而鑄造金人，則必為銅質無疑。蓋以銅鑄像易，而以鐵鑄像難也。

張良在博浪沙中以鐵錐擊秦始皇，此必確實爲鐵。要之自周末至漢初爲銅鐵混用時代。其後兵器乃全用鐵製矣。

明斯特爾拜爾對於後期用歷朝之名以區別之，殊不足法。似以用下列之名稱，較爲適當。

一 三國至隋時代……西域藝術攝取時代
二 唐時代……極盛時代
三 宋時代
四 元時代……衰頹時代
五 明時代
六 清時代……復興時代

謂宋元爲衰頹時代，世人當有異議。單獨觀宋元之藝術，亦決非劣等，且可認爲優秀，亦未可知；然比於唐之極盛時代，則確衰頹矣。稱明清爲復興時代，恐亦有不同意者；然別無較善之名稱，姑用之耳。本編大概從明斯特爾拜爾之分類法，而稍加取捨，此意於各論中具體說明之。

中國建築，由其種類觀之，亦當一述其分類之法。玆由建築史之常型，作如下之分類，較爲便利。

甲　宗教建築

一、壇廟

二、佛教建築　即佛寺佛塔之類

三、道教建築　即道觀風水塔之類

四、儒教建築　即文廟書院之類

五、祠廟　即廟宇淫祠家祠之類

六、回教建築　即清眞寺

七、陵墓

乙　非宗教建築

一、城堡

二、宮殿樓閣
三、住宅商店
四、公共建築　卽劇場會館衙門之類
五、牌樓闕門之類
六、碑碣之類
七、橋

第七節　中國建築之特性

世界之建築中，未有如中國建築備有特殊之性質者，今述其最顯著者七條如左：

（一）宮室本位

考世界各國建築發達之次序，無論何國，宗教建築必先發達，藍原始時代之人類，見偉大不可思議之自然界現象，每發生恐怖之念，想像爲有神靈之存在而崇拜之，乃有神祠之建築。彼等當竭力經營自己居室之前，必先竭力建築祠堂。然中國則先竭全力以建築宮室住宅，至於宗教建築，最初殆無經營之者，是何故耶？蓋中國古代無宗教，或以自己爲本位之思想較宗教心爲強，此亦有趣味之研究問題也。

中國自太古卽無宗教，惟有祭天地日月山川草木之風習，及祭祖先之禮，所謂自然物崇拜，與祖先崇拜是也。然所謂祭天地山川者，乃祭天地山川之本物，似非信天地山川有靈而祭其靈也。又祭祖先者，亦非信祖先之靈魂不滅而祀其靈魂也，祇對已死之祖先，視爲如生而事奉之耳。古代中國有儒教思想與道教思想。儒教說人倫之道，自始不說鬼神，不說靈魂，故孔子曰「敬鬼神而遠之」。又「不語怪力亂神」。門人問死，曰：「未知生，焉知死」？要之儒教不說人之靈魂，不說現世以外之神界。由此可知儒教不具宗教之體。儒教雖說祖先之祭祀，實無宗教的意味，只表示不忘祖先之恩，出自一種道德的意味耳。

道教方面，雖說神仙說怪異；而此神仙乃實在的神仙，非靈界之物，與印度教等之所謂神者不同，與耶穌教之所謂神者亦異。卽道教亦非有深刻意味之宗教也。其後佛教傳入，道教爲與之對抗計，乃加整理而成一種宗教之形式。

要之中國人之宗教觀念，甚爲淺薄，故不能大成宗教之建築。外國則不然，宗教建築，有特別之式樣，與普通之宮室住宅一見卽能區別。而中國之佛寺道觀，則與普通之宮室無異。

各國建築中，最壯大最美麗者爲宗教建築；如日本古今最偉大之建築爲奈良東大寺堂塔，羅馬最偉大者爲聖彼得教堂，東羅馬最莊嚴者爲聖蘇非亞教堂，英國最豪壯者爲聖保羅教堂，埃及最魁偉者爲金字塔及加納克祠廟，中國最巨大最美麗者，則爲北平故宮之太和殿。其面積有六百十三坪（坪者日本語合一畝三十分之一），其次則爲北平迤北明陵（長陵）之隆恩殿，凡五百八十坪。至於宗教建築，曲阜文廟之大成殿，三百五十坪，當居第一。道觀佛寺三百坪以上之建物極少。

古籍所載宗教建築，有非常巨大者。例如謂北魏胡太后於洛陽造永寧寺塔，高百丈，然難置信。若云可信，則不得不信秦之阿房宮。阿房宮下可建五丈之旗，上可坐萬人，五步一樓，十步一閣，閣廊周馳而至南山云。此可謂世界第一之大建築矣。

以中國國土之大，國民之衆，其最大建築僅六百坪，遠不及日本第一等大本堂，驟觀之似屬矛盾，然亦別有理由。中國建築之所謂大，不在一物之大而在宮殿樓閣門廊亭榭之相連，儼然成爲一羣。此較一宇一室之孤立者，尤爲莊嚴，而足表示帝王之威嚴也。

要之中國古代無眞正之宗教，皆趨重現世的物質的實利主義與自己主義。雖有祭天地山川祭祖先之風習，但亦無創作特殊建築之熱情。其祭天地山川也，不過築壇而已。其壇始爲簡單之土壇，繼爲石築而植樹於其上。天子則築壇於帝都之南郊，親自祭天，是名郊祀。其遺風相傳已久，今北平內城之南有天壇，北有地壇，東有日壇，西有月壇。諸侯則祭社稷，社者土神，稷者穀神也。

祭祖先則有廟，廟與普通之住宅完全一式。安祖先之位於其中而禮拜之，對其位供飲食，讀祭文，蓋仍視祖先如存在也。故孔子曰，「祭如在，祭神如神在」。廟之建築，亦以與普通住宅同式爲合理，至特異之形式，則認爲不合理也。

君主祀祖先之處，名曰太廟。雖爲重要之建築，實則仍與普通之宮室相同。又功臣及特別人物，亦視爲神而祭之，其廟亦與普通住宅無異。因中國之建築，首先發達者爲住宅宮室，故廟祠等之建築，乃仿其形式而作之。歐美建築家謂中國建築千篇一律毫無發達者，亦未嘗無一面之理由也。

(二)平面

歐美學者謂中國建築千篇一律，其理由之一，卽中國建築之平面布置，不問其建築之種類如何，殆常取左右均齊之勢，此亦事實也。無論何國，凡以儀式爲本位之建築或以體裁爲本位之建築雖取左右均齊之配置；然如住宅，以生活上實用爲主者，則漸次進步發達，普通多用不規則之平面。中國住宅，至今猶保太古以來左右均齊之配置，誠天下之奇蹟也。

考世界住宅建築發達之徑路，當原始時代，先作一間樣式最單純之住所。若材料用木料，當然爲直角形。及家族漸繁而患其狹窄，乃擴張之。其擴張之方針，隨家族之制度而異，若爲許多家族混住於一家之制度，則漸次增大，同時其平面亦發展爲種種不規則之形。若爲一人一宅，或一夫婦一宅者，則不必就原有房屋增築，只別築新室可也。中國制度，屬於後者，故一家有數棟房屋，依中國人固有之趣味及嗜好，而取左右均齊之配置焉。

上流之家庭，中間爲最大之主房，主房爲主人所居，後房則主婦居之。大房之前必有大院，其左

第三圖

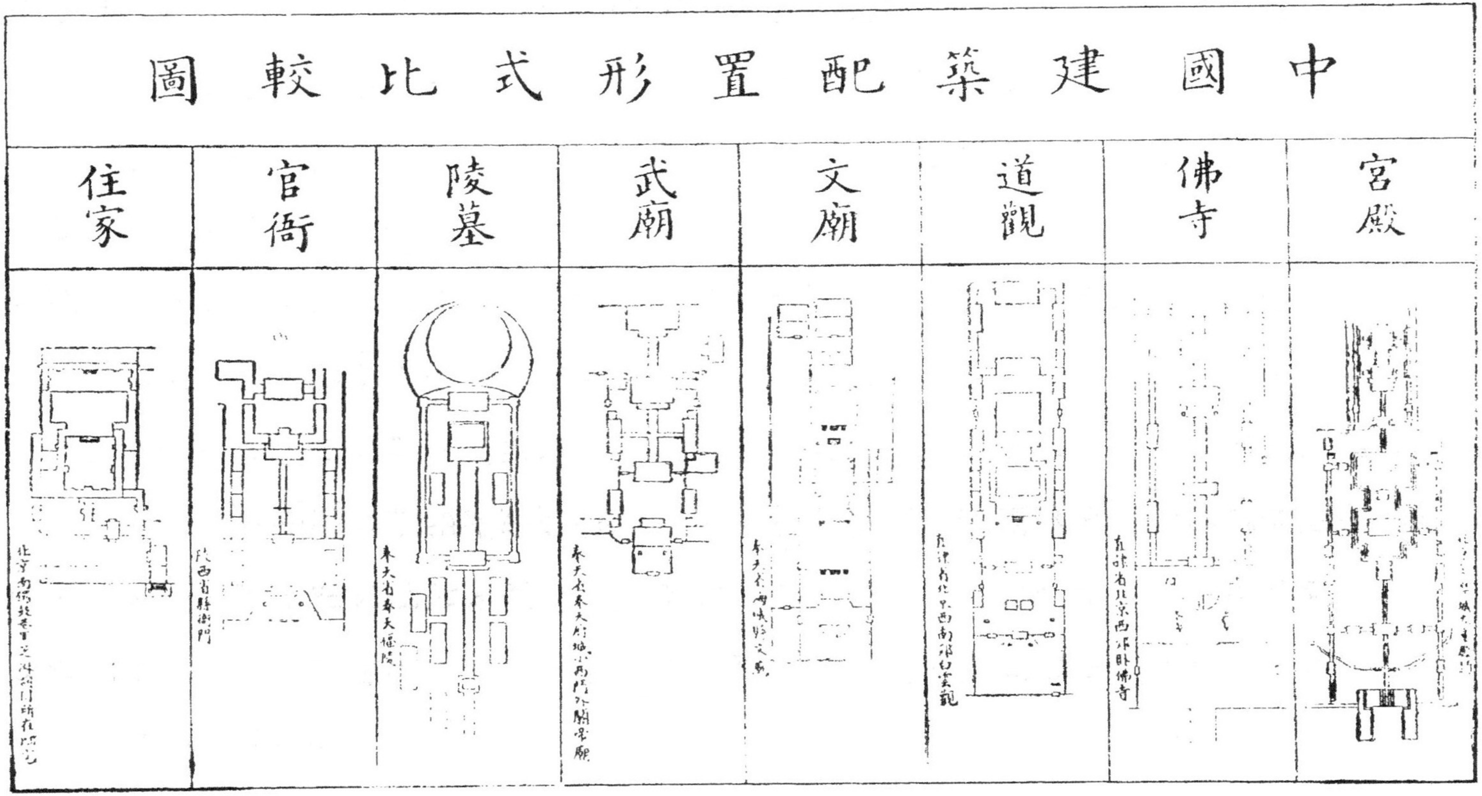

中國建築配置形式比較圖

宮殿	佛寺	道觀	文廟	武廟	陵墓	官衙	住家

右有相對之廂房，其眷族分住之。此等諸房，以遊廊連續之。此外有庖廚，下房，置物室等，其配置之法，古今殆無變化。惟市街之商店等，應其必要，別有特別之平面，因無守左右均齊之餘地也。

第三圖，表示中國各種建築平面(Plan)之比較，宮殿、佛寺、道觀、文廟、武廟、陵墓、官衙、住宅等，大體以同樣之方針配置之。卽中間置最主要之大屋，其前爲庭，庭之兩旁取左右均齊之狀，配置房屋，而以廊連結之。日本藤原時代之寢殿造，係仿唐朝制度者，故保存嚴正左右均齊之式，然其後已漸次變化矣。中國不獨嚴守古代之古式，且往往爲求左右之均齊，故作無關緊要之建物。蓋中國人無論何事，皆發露此種性質也。

中國人之喜左右均齊，實達極端。不獨各屋之配置，左右均齊，卽一排之房屋，亦左右均齊。例如住宅之大房及廂房，皆作長方形。普通分爲三室，中間爲應接室，左右爲住房。由其外觀之，則左右同形，中間設入口之門，左右住房中各開一窗。應接室中設桌與椅，亦左右均齊。入口左右柱上，懸以對聯，亦彼此相稱。

左右均齊之建築，亦命以左右均齊之名。例如瀋陽宮城之東西門，名文德坊，武功坊。北平紫禁域內太和殿前左右之樓門，名體仁門，弘義門。（譯者按：太和殿前左右爲體仁閣及弘義閣，太和門前左右爲協和門及熙和門）。諸如此類爲數甚多。此風漸傳入日本，日本大內裏之八省院中，大極殿前有倉龍樓白虎樓。應天門前有棲鳳樓翔鸞樓。內裏之外廊，有建春門宜秋門等，不勝枚舉。又中國日用語亦喜用對句，此亦出於左右同形之思想。例如形容建築物之壯觀，則曰大廈高樓，曰金殿玉樓，曰丹楹碧甍。律詩中更非用對句不可。即普通之文章，亦常連用對句，以表文法之華美。日本人亦受此感化，平素於不知不識之間，喜用對句。其習慣力之牢固，可想而知矣。

然中國人有特別之必要時，亦有破除左右均齊之習慣而取不規則之平面配置者。例如北京宮城內之西苑，有彎曲樣式之橋，有作波瀾樣式之牆壁。杭州西湖，有作折線樣式之九曲橋。是等爲庭園之風致計，故力避均齊之平面布置。

要之中國建築之圖樣，皆爲長方形之屋宇，連之以廊，作左右均齊之配合。日本大內裏之八省院豐樂院，及以紫宸殿爲中心之內裏，與宇治平等院之鳳凰堂等，殆完全據此法式者。中國建築規模之大者，即許多堂宇與廊互相連絡而聯成一羣之謂也。就單獨堂宇觀之，雖不巨大，不莊嚴，惟中國建築之美，爲羣屋之連絡美，非一屋之形狀美也。主屋、從屋、門廊、樓閣亭榭等，大小高低各異，而形式亦不同。但於變化之中，有一脈之統一，構成渾然雄大之規模。

(三)外觀

中國建築之外觀，因其構造之異而不相同。茲不問關於材料之如何，先就普通建築特別外觀之屋頂一述之。

中國建築之屋頂，其斜面皆以成凹曲線爲原則。簷不作水平，左右兩端，翻而向上。即屋頂之輪廓，由曲線畫成者。屋脊在小建築中，雖爲水平，大建築往往於近兩端處高起。在低級民家之建物，屋頂固爲直線，但高級之邸宅，與廟祠宮殿，殆無不成曲線者。此蓋世界無比之奇異現象也。

此珍奇之現象，如何發生，誠爲學界之一疑問，今日尚未確定。但天幕起源說，爲普通人所信，今仍有信之者，予亦讚成此說。天幕說之論據，謂漢族當太古時代，在中亞細亞，或塞北沙漠地方，營遊牧生活時，皆住天幕，由天幕之形，而發生曲線形之屋頂云。今試觀普通天幕之輪廓，於樑之兩方，以強力伸張幕布之端，則幕布必成若干凹曲線，若斜其兩端向外面強張之，必成若干銳角，反轉於上，

此卽中國簷角向上之形也

由此現象推測之，中國建築之天幕起源說，殊有理由。然若以此學說說明事實，則又不易。中國屋頂之成凹曲線，與簷之向上，實開始於六朝以後，漢代反無此式，其詳容後章說明之。要之愈至後世，其彎曲勢愈甚。若自有史以前，由天幕之形而化爲反捲之屋頂，則周漢時代，當有異常反捲之形式矣。又現今反捲之程度，愈南愈甚，愈近於北方漢族之鄉里反愈少。若屋頂反捲爲北方鄉里之遺習，則當北方多而南方少矣。然屋頂之反捲，寧謂起自南方而傳至北方者。故天幕起源說，未能首肯也。

第二、構造起源說，乃法格生等所倡，謂此爲構造上之必然結果。例如建造一宅，中央爲主屋，其外爲廂，更外爲羣房。主屋之屋頂爲急傾斜，其形如Λ，接續之廂之屋頂，則爲緩傾斜；更接續之屋之屋頂，傾斜更緩，於是屋頂之輪廓，成三段折線，由屋脊向簷端，成爲凹形。此凹形漸次美化，則三段折線，融合爲一條凹曲線矣。是說亦有一種理由，此種構造，不獨中國如是，其他地方亦甚多。但他地只成折線，何故惟中國進化爲曲線乎？此不可僅由構造上之必要定之，或別有其他原因。

此外有一種奇說，謂中國有一種喜馬拉雅杉，其枝垂下，如人字形。中國屋頂之凹曲線，乃由人字形杉樹而來者云。但謂由此樹之暗示，成中國建築之形，實完全不足取之臆說也。

余以爲中國屋頂形之由來，不可以一偏之理由說明之，只認爲漢民族固有之趣味使然。要之屋頂之形，直線實不如曲綫之美，如是解釋，則簡明而且合理。中國之建物，多成三間，時或五間，皆成長方形。其上若爲深廣之直線形屋頂，則其狀宛如積木細工，過於笨拙，而毫無變化，故漸加精密之工作，而使簷端向上，由是與人以輕快之感，而作曲線之變化。簷端則深深下垂，使人一望而知其向背，以完成溫情多趣之一種形式，如第四圖甲乙二種，同大同高，甲之屋頂爲直線形，則有笨拙之憾，乙爲曲線形，則有輕快之感。

第四圖　屋頂形式

甲　乙

屋頂爲中國建築最重要之部分，故中國人對於屋頂之處理

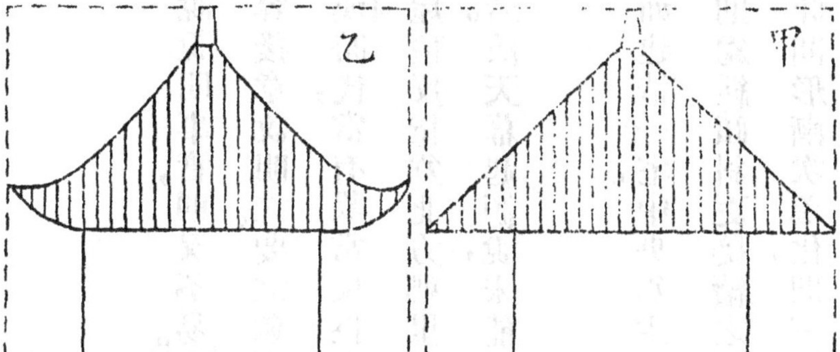

方法，非常注意。第一欲使有大面積有大容積之屋頂，不陷於平板單調，則對於其輪廓周圍之界線，及屋頂之面與面觸接之界線，宜極力裝飾。在其大棟（正脊）下棟（垂脊）隅棟（岔脊），兩山博縫與簷端，每施以特別材料及巧妙手法。正脊兩端屋頂最重要處之吻或正吻。正脊全體，亦成一種裝飾，或於中央刻作寶珠，或加以特別裝飾。垂脊及岔脊之端，亦安獸頭。岔脊之上，有列若干走獸或小動物而坐於其上者，南方建築簷隅極端反轉，其尖端卷向內方，時有小動物倒懸其上，作演藝之奇觀。簷端瓦頭，表面刻出種種纖細花樣，意匠精巧往往使人驚駭。

屋頂之色，亦非常注意，其詳當於後章述之。有資格者之房屋，葺以彩瓦。彩瓦在屋頂上常列作花樣。中國人對屋頂之裝飾，煞費苦心，全世界殆無倫比。畢竟中國之建築屋頂佔外觀之主要部分，故在此部分發表中國建築之特色。日本古來之建築，在佛寺中雖有巨大之屋頂，但手法亦極簡單。如日光廟雖爲非常華美之建物，但其屋頂亦比較的單純。中國民族之心理狀態，與日本人不同，即於此點明示之矣。

（四）裝修

所謂裝修者，乃建築物之柱、窗、天花板、樓板、門、戶等之總稱也。（譯者按：我國所謂「裝修」乃指門窗天花等而言，柱及樓板屬於「大木」）。裝修二字，可謂最適當之文字，觀其文字，即可知其意矣。

裝修在整理建築物內外體裁上，負有極重大之使命，有時殆足以制建築之死命。此在各國皆然，在中國建築上亦佔有極重大之位置。中國建築之輪廓較爲簡單，故動輒陷於平板，而足以救此弊者，實在裝修能極變化之妙也。

世界無論何國，裝修變化之多，未有如中國建築者。茲試舉二三例於下：先就窗言之，第一爲窗之外形，其格式殆不可數計。日本之窗，普通爲方形，至圓形與花形則甚少。歐羅巴亦爲方形，不過有圓頭或尖頭等少數種類耳。而中國則有不能想像之變化。方形之外，有圓形、橢圓形、木瓜形、花形、扇形、瓢形、重松蓋形、心臟形、橫披形、多角形、壺形等。

窗中之櫺，亦有無數變化。日本不過於普通方形之縱橫格外，加數種斜線而已。櫺孔之種類，恐亦只十數種。然中國除日本所有外，更有無數變化。就中卍字系、多角形系、花形系、冰紋系、文字系、雕刻系等最多。余曾搜集中國窗之格櫺種類觀之，僅一小地方旅行一二月，已得三百以上之種類，若調查全中國，其數當達數千矣。

枓栱種類之多，亦與窗同。日本枓栱之種類雖多，但亦止數十種。中國之枓栱種類之多，竟至不能詳細調查。日本之枓栱，向前後左右二方發展，中國更有斜向與前後左右方面作四十五度之角度而發展者，頗爲複雜。

硬山樣式，日本只有數種。中國之樣式，殆多於日本數十倍。茲舉其數例，如第五圖。

再就懸魚言，日本懸魚之狀已甚多，然亦不過十數種。中國之懸魚，殆無定型，幾乎一建築有一式，其種類不知幾千，非常有趣。如第六圖，爲予在陝西四川間所見之數例，或作魚形，或蝶形，蝙蝠形，或作花草形，極變幻之能事，有無限之趣味。

此外如屋頂飾、寶頂、瓦、簷裏、駝峯、樑、短柱、柱、欄杆、門扉、石座等，亦有無窮之變化，非短期間所能盡述。此等裝修之意匠與製法，大堪注意。此等意匠，以與建物調和爲主，不問其物之形狀如何也。例如飾屋頂之動物，不論何物皆可，其動之形狀，或不自然，或甚奇怪，皆無不可。惟爲其建築物之一部時，大體能相調和，即爲善耳。至飾屋頂之動物，本在屋頂之上，惟取其自下望之認爲美觀斯可矣。若

第五圖

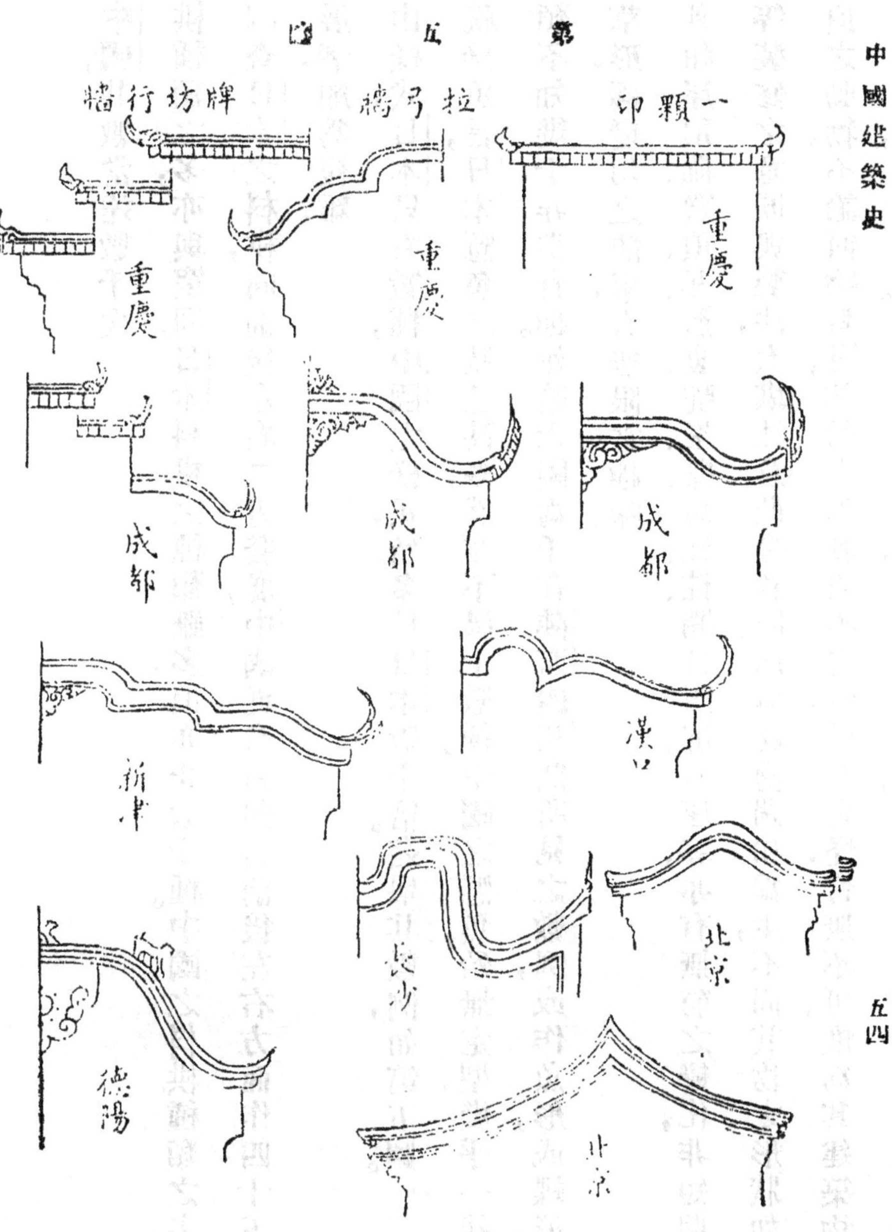

第六圖

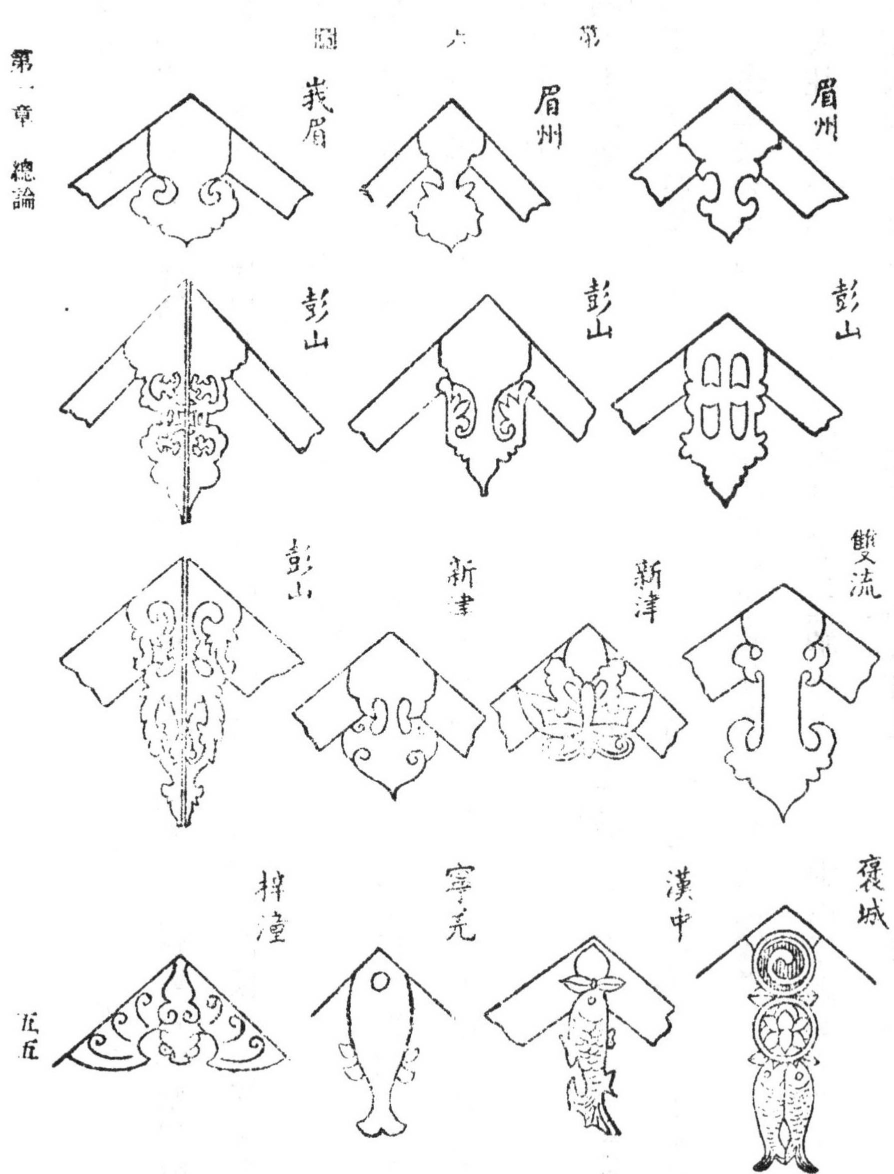

取下而熟視之即不美亦無妨也。其制作之精粗，亦只注意於此方面，因遠觀者無妨粗略，近觀者方取精細也。日本之作法，往往與此相反。例如載於屋頂之物，往往與載於他板上之物，同等待遇，而施以精巧微細之工，迨置於屋上。反不能與全體調合。

中國裝修變化之多，其大要已如前述。茲有更應注意者，即裝修之根本種類，實不多也。蓋裝修之法，實自上古遺傳者，後世之創作，可云絕無。即古人創作之裝修，後人推加以種種改竄與變形，乃造成極多之種類耳。

中國人不問何事，皆富於換骨變形之才。例如中國之字音，原係一字一語，其字音之數，不過四百。迨分爲平上去入四聲，雖同爲一音，只因其語氣緩急伸縮抑揚之加減，乃發生種種不同之意味，其結果成極多之發音。中國房屋之裝修亦然，絞盡腦髓，而成奇異之花樣焉。

歐美人往往評中國建築之手法，謂爲不合理，謂爲等於兒戲，謂爲低級者，殆未詳玩此方面之消息，只觀察表面之故。其實中國裝修之奇怪，復雜，往往有出人意表之妙味。不解其妙味者，終不足談中國之藝術也。

（五）裝飾花樣

中國裝飾之花樣，亦甚有興味之問題也。原來中國人善於空想，能造出外人不能想到之奇怪形象，而適用之於雕刻繪畫建築工藝品等，作成種種裝飾之花樣焉。試觀山海經，即可知中國人如何好爲奇怪思想矣。

依普通花樣學之法則而分其類，則有（一）動物，（二）植物，（三）自然物，（四）幾何文，（五）傳記的花樣等。此外又有文字花樣，與器具花樣，故中國之花樣，較他國尤爲豐富。

總之中國人自太古以來，花樣思想已甚發達。據周禮，周初官吏之以復，已依階級而各定有花樣矣。

據朱熹門人蔡沈之說，上古天子祭祀時所着袞服，有衣與裳。衣上繪日、月、星辰、山、龍、華蟲（雉）之花樣。裳上繡宗彝（虎蜼）、藻、火、粉米、黼（斧）、黻（亞），稱爲十二章。其理由則日月星辰取其照，山取其鎮，龍取其變，雉取其文，虎蜼取其孝，藻取其潔，火取其明，粉米取其養，斧取其斷，黻作兩已相背之形取其辨。花樣之選定，一一付以相當之理，則中國式之興味之深也可知。他如論語有「山節藻梲」之句，則春秋時代之建築，已有美麗之裝飾可知。周代古銅器之花樣，亦屬具體的例證。可知當時圖案之才，已盡量發揮矣。

今依花樣之種類，順次略述之於下。第一爲動物花樣，自龍、鳳、麟、龜、獅、虎等，始以及許多之鳥獸蟲魚等物，如蝙蝠馬等獸類及水禽類皆取用之。至於魚類，則多用雙魚。蟲類則有螭虬蚖等爬蟲類、蟬蝶等昆蟲類。又有饕餮與蟗等空想的動物。龍爲中國最尊重之花樣，其起源不明。相傳伏羲氏時有龍瑞，故以龍紀官。黃帝時有龍來迎，且有攀其胡髯而上升者。禹時有黃龍負舟，孔甲時二龍自天而降，孔子評老子猶龍。關於龍之傳說，自太古時已甚多。然描作龍形之物，漢以前無之。銅器上之花樣，多爲螭虬蚖等。至於所謂龍形則未見焉。漢以後之龍形，當於後章說明之。周以前之中國人，對於龍之想像，爲如何形態，不能明也。

鳳亦爲想象的鳥類。後漢和帝時，有安息獻條支大鳥之記錄，殆駝鳥也。中國人目駝鳥爲鳳，唐陵中已有其例。古代之鳳，爲中國人假想之靈鳥，銅器上往往見其形焉。

麒麟爲亞非利加之長頸鹿，蓋經西域傳入中國者，中國人視爲靈物，而造作種種傳說，遂改寫爲異樣之形。

龜爲四靈之一，每與蛇聯合。蓋古時用龜甲獸骨以刻文字，又用龜甲以行卜筮，是故神聖視之。後世以龜爲碑座，名曰龜趺，今則爲世人所忌而不用。

獅乃由西域及印度傳入者，梵音爲 Simha 音譯爲狻猊，又譯其第一音而稱爲獅，視爲百獸之王，代表威嚴而畫作種種形態，又與麟龍結合而認爲靈獸。

饕餮之起源，有種種異說，一般認爲貪食而不知饜足之鬼，相傳無下顋，成一種醜怪之人面，但古銅器上常用之。

夔爲一中怪物，人面獸身，兼備雙角，或一種奇異形態，在古銅器上或與鳳結，或與龍結，而作種種花樣。

螭虬虯爲龍之子，實非龍狀，誠一種不得要領之怪物也。

此外動物花樣尚多，玆從省略，今再就植物系之花樣言之，中國太古時代，植物系花樣尚未發達。發達最早者，爲幾何紋與動物紋。蓋漢人之鄉里，爲荒漠之原野，紅花綠草，皆屬罕見，山上亦無青翠欲滴之樹林，故植物之觀察，不易發達。據典籍觀之，周代雖已用藤蔓爲建築之花樣，但周代古銅器上則未曾見。漢代雖曾有植物花紋之物，但飛動活躍之植物花樣則始於六朝。此殆與佛教同由西域及印度傳入者。

今日植物花樣雖略發達，然仍比較的尋常而平凡，未有新奇異樣足以驚人者。要之漢族對於植物花樣，不如對動物花樣有奇警超凡之觀察與手腕也。

自然物中，日、月、星、雲、水、冰山、岩石等種類，雖屬不少，然常用者爲雲與水，因其與龍鳳關係最深，故重視之。山岳岩石，永久堅固，有祝福之意味，故屢用之。幾何紋之種類甚多，自太古時已甚發達。古銅器中所見者，有雷文、雲文、粟文、弦文、蟬文（蟬雖動物而已幾何化矣）等，及至後世，種類漸加，今日除歐美花樣以外，所有一切花樣，中國皆已有之。

傳記的花樣，乃將古代事蹟形之於繪畫或雕刻而適用於建築之裝飾者。如二十四孝八仙等，或爲歷史的事蹟，或爲荒唐之傳說。

中國建築中，又有特別之文字花樣，最有趣味。蓋中國民族有尊重文字之風習，故柱間所懸之楹聯，書以對句之文字，扁額有刻字者，有書寫者，或更書爲條幅懸於壁間，爲一種之建築裝飾。此外有表面爲文字而實際已化爲一種花紋者，如壽福喜等吉慶文字，變化爲種種式樣，或於器具，或於染織類，與其他之花紋相伴用之。卽如壽字，古來有稱爲百壽圖者，將壽字寫成百種不同之字，實則百種以外，更有作他種紋樣化者。喜字常用雙喜兩字相並而成一種紋樣。福字有巧爲變幻而用於窗格者。

器具文樣中，或爲寶物，或爲錢文，或爲文房器具類，常畫於小壁及喇嘛教堂宇之欄間。所謂喇嘛之八寶卽八種佛具（蓋、魚、蝀、華、罐、傘、長、輪、）有筆繪者，有雕刻者，有一種祝福之意與信仰之意，此亦他國鮮見之例也。

花樣之用法，大體依其物，依其形，依其時，依其位置而選擇之，其中有煞費苦心者。例如柱間各種橫板之上，有合畫一大花紋者，有各畫小花紋者，大者非常奇偉，小者極其精緻，各盡其妙。

（六）色彩

中國之建築，乃色彩之建築也。若從中國建築中除去其色彩，則所存者等於死灰矣。中國建築內外全體，皆以色處理之，而不留一寸之隙。

中國人何故如是喜用色乎？此雖中國人固有之癖性，亦因建築之主要材料爲白木，不能耐觀。故工作之程度粗劣者，尤當用色彩使之美化。又因以色彩伴漆塗之，則不易朽腐，亦保全木材之一法也。

余在中國，屢見木工築造房屋，最初以惡劣之木料，加以粗率之工作；當其始建之時，其醜態殆不忍畢睹。及至全部大略完成，而加以塗抹，則遽見美化，迥異前狀。故知中國建築上之色彩，乃不得已也。若如日本建築，有良質之木料，加以精巧之工作，則無再施色彩之必要。且日本良質木料甚爲豐富，易保久遠，故亦不作施加彩色之思想也。

中國人處理建築，用何種彩色乎？欲說明之，先當對於色彩之心理情態，加以說明。

漢族自太古有陰陽五行之說，謂天地萬物，皆由五元素而成。五元素者，即水火土金木是也。此五元素循環相生，木生火，火生土，土生金，金生水，水生木。天地萬物皆分配五行，就中季節方位及色，皆與之有密接關係。今將其關係列圖如左：

色	方位	季節	五行
青	東	春	木
赤	南	夏	火
黃	中央	土用	土
白	西	秋	金
黑	北	冬	水

色亦配以五行而爲五色，爲色之元素，即青赤黃白黑是也。若以今日之科學眼光觀之，則甚不得要領。名雖爲青，但青之性質，未曾限定，青綠藍皆謂之青，緋紅朱丹皆謂之赤，黃土雌黃柑色皆謂之黃。

青相當於溫和之春，爲木葉萌芽之色，其方位則爲東，爲日出時。赤相當於炎熱之夏，爲火燃之色，其方位則爲南，爲正午。黃相當於土，爲土之色，其方位則爲中央。白等於清涼之秋，爲金屬光澤之色，方位則爲西，爲日沒。黑等於寒冷之冬，爲水，爲深淵之色，方位則爲北，爲夜半。此五色又各有特殊

之意味，列表如左：

青——永久　平和

赤——幸福　喜

黃——力　富　皇帝

白——悲哀　平和

黑——破壞

漢族在此理想之下，對於建築之裝飾，亦愼選其色，即爲希望幸福與富計而多用赤，爲祝平和計而用青黃爲皇帝之色，庶民不能濫用，只小部分稍用之耳。白不常用。黑除以黑描輪廓外，亦不甚用。故中國建築，大體用赤。當施用彩色時，多用青綠藍，他色則不多用。

五色以外之間色多不顯著，紫色、樺色（黃紅色）、鼠色（黯黑色）、茶色以外，可用者少。中國人概好強烈之原色，尤以赤爲甚，而不喜弱色與高次之間色。中國人爲要求强烈刺激之民族，不獨建築如是，食物亦好濃厚，而多用辛辣。衣服亦有誇張華美之風。日常生活，無論何事，皆好赤色，例如欞布、椅披、名刺、皆喜用赤。又如信箋信封亦必有赤色部分。白色最忌，僅喪服用白耳名刺之用白者，以前祇限於服喪之時。白木之屋，非有特別原因，亦不用之。

帝王之宮城，及與皇室有關係之殿宇，皆以黃色釉瓦葺之。內部亦多施以黃金色之彩色，或貼金箔。天子之服，黃色而有龍紋，因黃色爲中央之色，故爲皇帝之色。皇太子之宮殿，以青色釉瓦葺之，因居東方，成爲東宮，相當於春，故用青色。日本自餘良時代至平安時代，大內裏之太極殿等，用青色釉瓦，蓋不敢對唐用皇帝之色，故自卑而用東宮之色也。

配色之才能，中國人亦絕非低級，大概以適當之距離望見時之效果爲根據而配色，服色亦適用此理。正裝之衣裳，以單色爲原則，而以濃厚而同色之大花紋顯於其上。衣色概用鮮明强烈而利於遠望者。遠望正裝中國人之人羣，有綠紅青黃之美，若遠望正裝日本之人羣，則反是，祇一塊暗黑色而已，不見有若何之美也。故日本色之美，必接近之，或手取之，甚至在顯微鏡下分析之，始見微細之花紋焉，蓋專取暗色故也。

中國建築與色之關係，亦如以復與色之關係，以遠望而得其大體爲主旨。若就近而仔細檢點之，則其色彩有頗亂暴頗粗率者。然如日常居室，細觀之，其色彩亦甚精緻。又如小工藝品，若詳視之，有極受玩賞之性質，其色彩亦極微妙。要之中國人對於色彩有極成熟之考察與技巧也。

中國建築上特異手法之當特筆記載者，即屋頂之色彩也。如前所述宮殿廟祠等屋頂，依其資格而葺以黄綠等釉瓦，其他仍有種種之色。如北平西郊萬壽山離宮衆香界之屋頂，爲黄底而加青紫等花紋。又北平皇城内南海太液池中瀛臺爲建築之最華美者，各宇各異其色，各宇之屋頂，用不同色之釉瓦飾之，遠望之如神話國之宮殿，有超出現世界之夢幻的趣味。日本之日光廟，雖有相當之色彩，但屋頂則蔽以墨黑之銅板，較之中國建築，在趣味上有霄壤之别矣。

（七）材料與構造

中國之建築現狀，以木料與磚之建築爲標準，但其材料亦仍有其他許多種類，故其構造法亦異，而發生形式之變化。

中國建築若依材料而分其類，在余所知之範圍内，則可分類如次：

一、泥 土——中國北部多用泥土，尤以長城以北之民家爲甚。

二、木　料——揚子江流域及雲南邊境住房多用木造。

三、木料及磚合用——中國各地普通之各種建築。

四、磚——中國各地城堡及無樑殿之類。

五、磚　及　石——中國各地牌坊之類。

六、石——墓類。

七、銅——特殊之堂宇及塔。

八、鐵——特殊之塔。

若詳細觀察之，仍有許多種類，如石磚木混用者，石與泥土混用等皆是。至於主要材料，其主體多爲磚造，上葺以瓦，故由主體材料言之，可認爲磚造。

以木料爲本位之建築，其構造爲楣式，其簷深而輕，大體有輕快之情趣。以磚爲本位之建築，其構造爲栱劵式，其簷淺而重，大體有重厚之情趣。若木料與磚混用，其一部爲楣式，一部爲栱式，其柱爲木而以磚包之，或包其全部，或包其外之半分，而其內部半分之木材，仍露出於室內。簷以上之重量，多賴柱以支持之，其磚壁不過補助其強度而已。是故中國建築，一方爲木部現楣式之柱，一方爲磚部現栱式之窗，頗呈奇觀，但決無不調和不自然之感，此其妙點也。

以磚爲本位者，在重累之壁體之上，冠以中國固有之屋頂，於是起一種混惑。卽柱以上之枓栱，全部以磚作之，其枓栱等形，亦不得不與木造者大異。於是屋簷不能如木造者之遠出，形狀不能如木造者之輕而能向上彎曲。於是遂成立一種新組織，一種新手法，一種之新的權衡（Propontion）。總之：由木造而移於磚造之時，卽由木造之 Propontion 而移於磚造之 Propontion，彼希臘之建築，卽循此路徑而達於大成者。吾人若知以磚與石不燃質之物，爲由木造而發達，此中國之實例，如第七圖，卽暗示於吾人者也。

中國之用磚，始於周代以前，已能證實，則劵亦當爲彼時所發明。相傳秦始皇架於渭水之橋，長三百六十步，以六十八栱造成。確否雖不能詳，然栱之存在，則可想見矣。夫旣知用栱，則必能造成穹窿，故世界上最先知用栱，最先知造穹窿者，或卽中國民族歟？最善於使用穹窿之建築爲無樑殿。無樑殿，余曾見有數處，而以南京附近之靈谷寺用以藏經者，最足觀瞻。其全部由磚造成，不用一切木

（第七圖）材料構造與樣式之關係

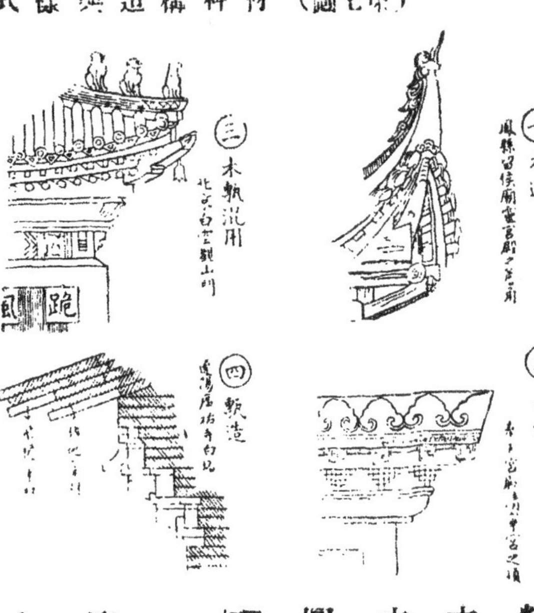

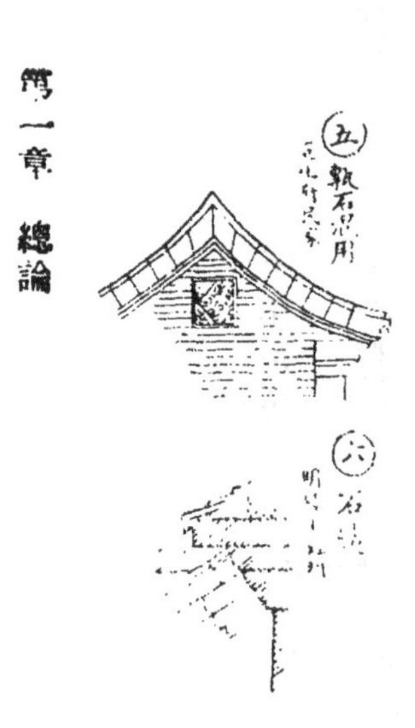

料，其內頂亦用美麗之磚，砌成穹窿形，此外各地大都市之十字街上，常有鼓樓或鐘樓，多為十字穹窿，此實進步之構造也。券及穹窿之輪廓，亦甚奇異，其狀不皆為正半圓形，其上端有稍作尖形，而成一種橢圓形，略似波斯薩珊朝之栱，實頗有興味之建築物也。

中國建築之構造，由科學的方面觀之，本多幼稚。其簷端反轉向上之構造，實頗費苦心，但意匠多不充分，故年代稍多，每患簷角挫折或至下垂。此因接續之法不能完善，工程亦患粗糙，故易破壞也。其他部分，亦多類此。中國之木工，當建築一宅時，每不製正確周密之圖，只作不完全之略圖，故尺寸之長短，各部分之配置，不能有精密之規定，而糊塗行之，宜其不能成精巧善美之建築也。然而一宅造成之後，亦未必有醜惡之嫌，並不現粗率之點。且材料工資，皆較低廉，在某種範圍內，亦頗有利。若中國木工能有科學知識，改良其構造，則中國建築，當更增其價值矣。

第二章　前期

第一節　有史以前　？——公元前一一二二

今將中國建築史分期述之，先就有史以前之建築，稍加考察。

中國之真正歷史，始於何處，今日仍未能解決此問題。白鳥博士雖謂周代以前不爲正史，然周以前之遺物，亦確有發見者，可知是時已有相當之文化。則周以前之中國，絶非混沌蒙晦時代可知。玆姑認周以前爲有史以前而研究之。

中國之古典，每始於太古之三皇五帝，其年代至少當歷數萬年，但此乃後人之假孔，非正史也。然古典中關於建築及工藝之記事，由一方面觀之，仍不失爲一種藝術史上之好資料，試就其二三之例觀之。

第一，有巢氏「構木爲巢」，爲關於建築之最初之文字。此事在燧人氏發明鑽燧取火以前，究爲若干萬年以前之事，殊不能明，然實爲構架木料作原始房屋之暗示，較之穴居野處時代，已略進一步。然此爲木材豐富地方之事實，若缺乏木料之處，則仍穴居或作泥屋也。

其二，「茅次不剪土階三等」，距有巢氏時代，已隔數千年，制度文物已漸美備，建築亦極有進步。所謂上階三等者，堯因節儉之故，以上築宮室之壇，其高僅三級耳，其意即謂本當以石築高壇也。時屋頂，殆已用瓦，因堯抱節儉主義，故以茅蓋之，且不剪齊也。

瓦起於何時，雖不能詳，黨時小雅已有瓦字，周書有「神農作瓦器陶」之文，古史攷謂夏桀時昆吾氏作瓦，由此觀之，夏代有瓦已無可疑。但中國所謂瓦者，乃上器之總稱，瓦字象紆黏土而卷曲之狀，故所謂瓦者，亦未必爲屋頂上常用之瓦也。試觀磚甃瓬瓮甍甈等文字，皆爲瓦器之一種，事自明矣。要之余以爲殷代墻壁已用磚，地而已用磚甃，屋頂用甍，日用器具已用瓶瓮甈等，則黏土之製作品，已甚發達矣。

殷代建築術，更見進步，徵於近年在河南彰德城外發見殷墟之遺物自明。此遺物中，雖無直接關於建築者，（譯者按：中央研究院發掘殷墟，已發現建築遺址）但既有種種工藝品，則足知當時藝術之一斑，而足以推測建築之程度矣。據周禮殷時宮室之周圍，已繞以牆。圍牆及宮室之壁，塗以一種貝殼製之白灰，名曰白盛。蓋上等牆壁，已用磚築，中等以下者用泥築，完工之後，乃塗以白堊耳。周禮又述殷之宮室云：「重屋四阿」，所謂重屋者，重層之建築也。其屋頂作四坡，即中國普通宮殿建築之形式也。此式在殷代殆已大成。又箕子歎紂之暴虐有云：「玉杯象箸，必不羹藜藿，衣短褐，而舍茆茨之下，則錦衣九重，高臺廣室」，由此觀之，當時玉器之製造，亦甚精巧，茆茨之屋頂，已嫌其貧弱。宮室至九重之深，則築高臺營廣室之技術，已成熟矣。又討處罪人之極刑，用銅柱塗膏燒熱，而使罪人緣之，可知銅在各種工作上，已通用矣。

殷代陵墓之制亦見於周禮。當時已築圓墳，期中作腐，以羨道通於外部。壙中築槨以置棺，棺中置屍，而加以副葬品之明器。副葬品中有芻靈者，乃以藁作成人形，至周代乃改為俑。俑乃手足活動之人形也。

墓之實例，河南衛輝北十里，有殷比干之墓，其真假雖不可知，但為一種圓墳，其為最古之模型無疑。中國最古之葬法，如葬字所示之狀，置死者於草上，復於「死」字上冠以草，卽棄屍於原野之草中，而以草蔽之之意也。後世乃埋屍於地中，上蔽以土，作成小墳之形。此墳之原始形狀，必爲圓錐體或半球體，故最古之陵墓，應爲圓墳。今日中國各地田畝之上與丘陵斜坡上所見之墓，皆原始的形狀之小圓墳也。

有史以前之建築，甚爲茫昧，此屬於考古學之範圍，玆從省略。要之數萬年前，在黃河下流地方繁殖之民族，依其土地之狀態，材料之關係，或營穴居，或作泥屋，或構木爲巢山。

今日長城附近及其外部村落，尚見泥土之屋。河南陝西一帶，尚有掘土作穴之家。湖南雲南邊境則有極簡陋之木屋，可藉以推想太古建築之狀。此等原始的房屋，原爲漢族移住之前，此地之原住民所居。但漢族亦順應其土地之材料氣候風土而作種種房屋，則無疑也。

漢族始用石器，繼作玉器，其次更知作銅器。斯時又由泥土作瓦器，造磚以築堅實之壁，更以瓦葺屋，中國建築於是大成。但是開闢以來，已不知經過若干萬年，始至殷代，及至周代，則又能發揮輪奐之美，成立堂皇之建築。

第二節　周　公元前一一二二——公元前二五六

（一）總論

中國確實之歷史，實自周始。周之祖先，起自中國西北之邊陬，漸次扶植勢力。當文王之時，已三分天下有其二，武王滅殷，統一天下，王位繼續三十七代而亡於秦，凡八百六十七年。

王朝綿延至八百六十七年之久，除日本外古今東西殆無比類。雖云古代文化發達較遲，自周初至周末約九百年間之文化變遷，決非近今之九百年可比。但年代既如此之長，則周末之人觀周初之遺物，亦常視爲罕見之古物。今先總括以周代再分爲三期如左：

第一期　初期　自武王元年至平王四十八年，卽周初四百年。

第二期　中期　自平王四十九年至敬王三十九年，卽春秋時代二百四十二年。

第三期　後期　自敬王四十年至赧王五十八年，卽戰國時代二百二十五年。

第一期爲漢族固有藝術，始有藝術價值之時代。第二期更洗練之而達於精巧之域。第三期更見成熟而有驚人發達之時代。余就斷片的遺物想像其實狀，有當如是者。

周代文化之發達，已盡人皆知矣。孔子云「周鑑於二代，郁郁乎文哉！」蓋周自文武周公以來，卽以文爲國，致力於學術技藝之進步發達。故其結果，成爲春秋以來之九流百家。哲學、文學、法制、經濟、兵學、醫術等各方面名人輩出，而各唱道其學說，成爲中國古今未曾有之時代。

周代文化既如是發達，則建築必隨之而發達，亦自然之理也。古籍中可以證明此說者，以周禮爲最良。（譯者按：周禮已公認爲僞書，當出漢人手筆。）試觀周禮，則周代宮室建築之如何整頓，營造之秩序如何美備，皆可知之。此外足窺當時建築片影之書籍亦尚不少。建築之遺物雖不存在，但與建築有直接間接關係之遺物，尙有存者。如陵墓石器玉器銅器之類皆是。此等物中，雖不免有疑問者，但大體尙可認爲周代之遺物。故吾人得據之而髣髴窺見當時建築之模範。

周代建築之性質，若詳言之，其特殊之配置，特殊之外觀，不難由今日中國之建築推知之。因中國建築，自發軔以來，經數萬年人於周代始告大成，其式樣自周至今僅三千年（由中國之悠久歷史觀之，三千年可認爲極短之時期，）故其性質，自周以來，變化必不多。此不獨建築爲然，凡中國之人情風俗工藝學術等，三千年以前之古代，與今日之間，殆皆無大差異衣食亦無根本變化則居住之建築物，亦可認爲大同小異矣。故在某種程度以內，得以今日之建築律三千年前之建築也。

由殷代傳於周代之建築，中國建築之特性，殆已具備。即當時建築材料爲木與磚混合者，屋頂爲以瓦蔽者，地面則布以甎，隨處加以雕刻，外部概塗色彩也因太古木料豐富，故建築以木料爲本位。子思說衛公之言有云：「聖人用人，猶匠之用木，取其所長，棄其所短，故杞梓連抱而有數尺之朽，良工不棄」。其所以以工匠比喻者，蓋因建築之事，爲一般人士所共知也。其時已普通用磚內外裝飾，皆用雕刻，有種種花樣。以下順次就書籍及遺物說明之。

（二） 壇廟

前編曾云中國太古之宗教，爲崇拜祖先崇拜自然物者，祭祖先有廟，祀自然物，天地日月山川等有壇。壇廟之設備，中國古代，極重視之。

壇爲裝石之土壇，似植樹於其上。祭祀在壇上行之。關於樹種者，論語記孔子門人宰我答魯哀公問社之言曰：「夏后氏以松，殷人以柏，周人以栗」。栗者使人戰慄之意，此種答詞，甚不適當，故孔子責之要之壇必植以樹，則無疑也。日本太古之祭典，則築磯城，植神籬，此殆傳自中國者。抑或於日本固有之方式中，略加以中國式者。今日北平之天壇地壇日壇月壇等式樣，雖已改變古式，非常壯麗，但終不失其根本的性質也。

祭祀之法式，由其所祀之對象而異。書經謂舜類於上帝，禋於六宗，望於山川，徧於羣神，柴於岱宗。大體與今日日本無大差。即王者之大祭，先灌酒於地，行降神之禮，奏樂供神饌而行祭儀，終則奏樂撤饌，行送神之儀。惟中國必供犧牲，日本則無之。蓋中國古代爲畜牧之民族，以獸肉爲常食故也。論語八佾篇曰，「禘自既灌而往者，吾不欲觀之矣」。灌者降神之禮也。禘者王者之祭也。意謂禘時自灌酒行降神之儀以後，祭官與參列者，皆失誠敬之意，故不欲觀也。同篇又謂「三家者以雍撤」，由此可察撤饌之禮。雍者王者祭祀所用之樂。意謂魯之三大夫以臣下之身分，而用王者之樂以撤饌，實僭越也。雍也篇子謂仲弓曰，「犂牛之子騂且角，雖欲勿用，山川其舍諸」。由此又可知所用之犧牲矣。騂且角者，即色赤而角正，宜用於山川之祭祀也。

廟祀自太古已有之，據古典，堯時已行五帝之廟祀。五帝之廟，唐虞謂之五府，夏曰世室，殷曰重屋，周曰明堂。周之明堂，容俟後章說明之。帝王祭祖之處，名爲太廟，其建築與普通宮室毫無所異。在正殿中安祖先之位，左右配殿附屬之。今北平宮城內太廟在天安門內之東，與社稷壇相對。瀋陽宮城亦有太廟存在，皆爲平常普通之建築，無特別輪奐之美。歷代祖先之牌位，亦無特別形狀。蓋後世只視爲普通之儀式，以繼續祀祖之風習耳，對於祖先已無衷心虔敬之念矣。日本伊勢內外兩宮亦稱太廟，即倣中國之稱號，奉祀皇室祖先之處也。

中國又嘗以像代牌位。越王勾踐思范蠡之功，特鑄金像。楚之宋玉追慕屈原，亦曾造像。宋玉所作楚辭招魂篇曰，「像設君室，靜閒安此」。朱子注曰，像蓋楚俗，人死即設其形貌於室而祠之。蓋造像之習，起於周末，由楚越地方逐漸發達，此亦應注意者。原來楚人越人非純粹之漢族，乃漢人所謂蠻族之一種，與漢人混和之種族也。故與北方漢族風俗不同。

中國之廟宇，漸次用之於廣義，凡祭帝王聖賢功臣偉人之地，及道教佛教之堂宇，俗皆稱廟。是等建築，後章當分類述之。

（三） 都城及宮室

周都城宮室之制，詳載於周禮。周禮云：「匠人營國，方九里，旁三門」。此都城之計畫，乃關於建築家者。都城之大四方九里，一面開三門，所謂宮城十二門之制也。又云「國中九經九緯，經涂九軌」。此將城內縱橫區劃爲九條，日本平城京平安京之制，即脈胎於此。涂即縱橫之街路。九軌者，即車之軌幅之九倍。當時乘車寬六尺六寸，左右各伸出七寸，合軌之廣爲八尺。其九倍即七十二尺，即路寬十二步也。

又云「左祖右社，面朝後市」。王宮當中經之大路，左爲太廟，右爲社稷，即今日北平城尚存此遺風。次云「市朝一夫」，即市朝各方百步也。

其關於宗廟者曰：「夏后氏世室，堂修二七，廣四修一」。世室者，宗廟也。修者南北之深也。二七者，十四步也。夏以一步爲單位，廣四修一者，廣爲修之四分之一，即十七步半也。

又云「五室三四步四三尺」。堂上爲五室，配五行。南北深六丈，東西廣七丈，一步爲五尺。次爲「九階」。南面三，其他三面各二。次爲「四旁兩夾窗」，四方有一戶兩窗，合爲四戶八窗，以蜃灰即貝製之灰名爲白盛者塗之。又云：「門堂三之二」。門側之堂取正堂三分之二之尺度。南北九步二尺，東西十一步四尺。又云：「室三之一」，門堂之兩室與門，各佔全廣三分之一也。

次敍殷之宮室曰「殷人重屋，堂修七尋，堂崇三尺，四阿重屋」。重屋者，王宮之正堂也。其深七尋，即五丈六尺。一尋爲八尺，廣九尋，七丈二尺。四阿重屋者，兩重四面有簷之屋也。

次記周之宮室，「周人明堂度九尺之筵，東西九筵，南北七筵，堂崇一筵。五室，凡室二筵」。明堂者，明政教之堂。周以筵爲單位，一筵九尺。可知自夏殷以至於周，規模漸次增大。本文夏舉宗廟，殷舉王宮，周舉明堂，其種類不同，難以直接比較。要之皆爲同型之建築。周明堂之圖，載於聶崇義之三禮圖，然甚不得要領，只由五室之配置法與窗牖之狀窺知其大略耳。

又云：「室中度以几，堂上度以筵，宮中度以尋，

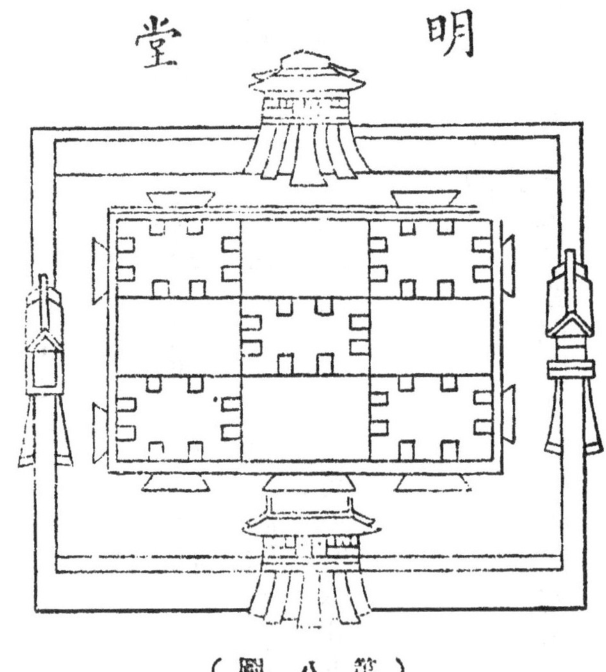

（第八圖）

野度以步，涂度以軌」。言隨物而異其尺度也。

「廟門容大扃七個」，廟門之廣爲大扃七個。大扃者，牛鼎之扃，長三尺，即二丈一尺也。

「闈門容小扃三個」。廟中之門，即闈門。小扃即䵎鼎之扃，長二尺，即共六尺也。「路門不容乘車之五個」。路門者大寢之門。乘車之廣爲六尺六寸，五個則三丈三尺。謂不容五個者，可解爲其半分之大，即一丈六尺五寸。

「應門二徹參個」，朝門之廣，二徹之內八尺，三個爲二丈四尺。

「內有九室，九嬪居之，外有九室，九卿朝焉」。內者路寢之裏，外者路門之表。嬪即王之妃嬪也。

「九分其國，來爲九分，九卿治之」。此說明九卿之職務者。

「王宮門阿之制五雉，宮隅之制七雉，城隅之制九雉」。王宮門楝之長爲五雉。即高五丈，宮隅城隅，謂王宮及京城之壁也。雉者度長時爲三丈，度高時爲一丈。

「經涂九軌，環涂七軌，野涂五軌」。此道路廣闊之制也。宮城內之大路九軌，環城之路七軌，野外之路五軌。

「門阿之制以爲都城之制」。都者，卽京師以外王之子弟所封之處。京城之門制，適用於都城之謂也。卽都城之隅高五丈，宮隅與門阿皆三丈也。

「宮隅之制以爲諸侯之城制」。畿外諸侯之城隅高七丈，宮隅門阿皆五丈。

「環涂以爲諸侯經涂，野涂以爲都經涂」。謂王城之道路，與諸侯都城之道路之間，有等差也。

以上爲宮室建築之見於周禮者，若欲徹底理解，雖感困難，然當時制度之如何整齊，規律之如何嚴正，亦可想見。再據其他數種書籍觀之，吾人可略見周代宮室建築之狀態，試舉例二三如次。

宮寢

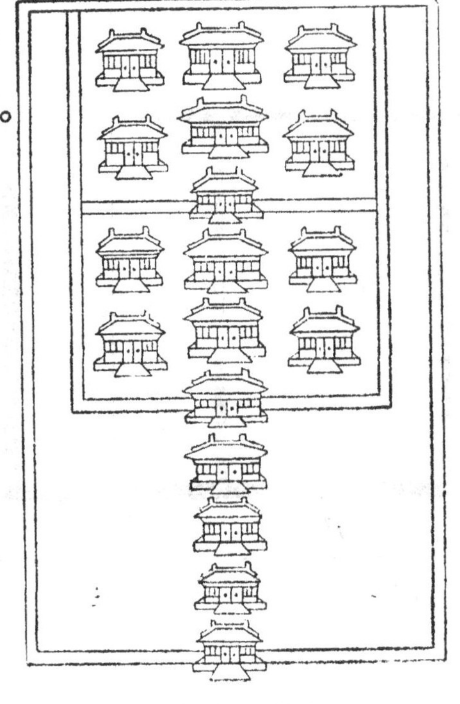

〔第九圖〕

此圖爲王者之宮室，載在聶崇義三禮圖，雖不能甚得要領，然據周禮之解釋，王者有六寢，路寢在前，是云正寢。燕寢在後，分爲五室。春居東北之室，夏居東南之室，秋居西南之室，冬居西北之室，季夏居中央之室云。由中國北部氣候考之，此說甚不合理，似宜冬居東南之室，而冽寒北面爲有利。蓋此不過分配五行之附會之說耳。五行說每以季節分配於五行，木屬春，爲東。火屬夏，爲南。金屬秋，爲西。水屬冬，爲北。土屬中央。其屋宇如十圖，建於壇上。單層四簷。正面分三間，中央爲入口而有戶，左右各配以窗，即周禮之四旁兩夾窗也。

中流普通住宅，堂宇之形狀，亦與此同。現在普通仍用此式。第十圖，爲其假想圖。以中央之室甲爲應接室，左右之室乙丙爲辨事室或寢室。論語雍也篇有左列一節，最有興味。

伯牛有疾，子問之，自牖執其手，曰，亡之，命矣

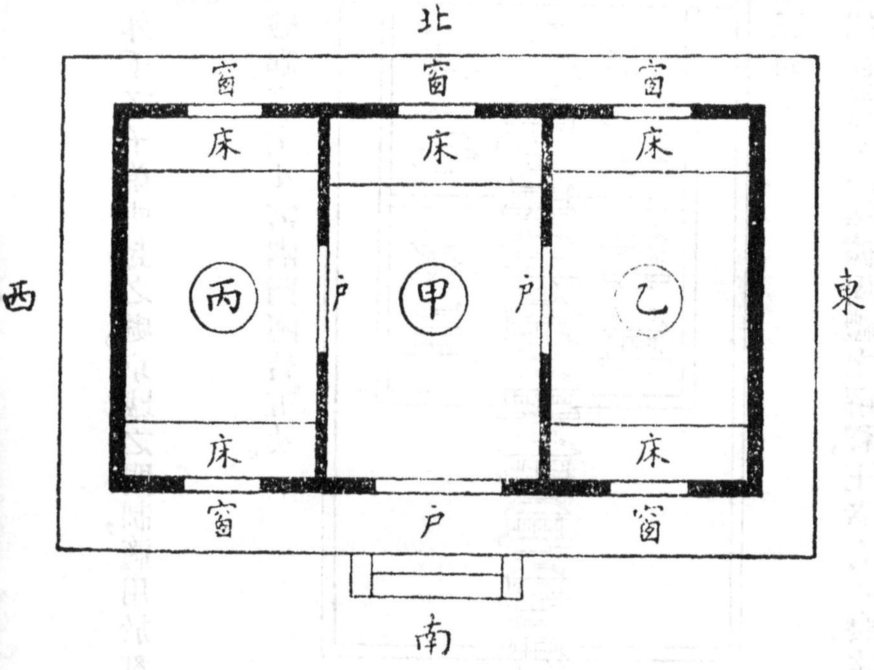

北
窗 窗 窗
床 床 床
西 丙 戶 甲 戶 乙 東
床 床
窗 戶 窗
南

（第十圖）

夫斯人也而有斯疾也！斯人也而有斯疾也！

當時之風習，病者臥於北牖之下，若君主來慰問，則移床於南牖之下，使君主得南面視患者。伯牛本居於上圖乙丙室之北牖下，其師孔子來視疾，乃移床於南牖之下以待之。孔子原當由中央入室，南面以見伯牛；然孔子殆欲避免患者之勞動，或有其他理由，未入室內，只立牖外執患者之手，而述訣別之辭。吾人由此可以推知伯牛家屋之式樣，與現代中國之房屋，大略相同。又可推知牖之高與床之高之關係也。

中國現時之住宅，仍爲古來相傳之風習，周圍圍以牆壁，正面開門。牆壁爲防衞房屋之用。蓋中國盜賊衆多，而未設警察，此爲必要之設備也。地位愈高財產愈富，其牆亦愈高，其裝飾亦華美。論語子張篇叔孫武叔語大夫於朝曰：「子貢賢於仲尼」。子服景伯以告子貢，子貢曰：「譬之宮牆，賜之牆也及肩，窺見室家之好。夫子之牆數仞，不得其門而入，不見宗廟之美，百官之富」。由此可知平民之牆，常不及丈。天子之宮牆，則有數仞之高。仞即七周尺也。

牆自殷代已塗以白堊，至周代逐漸進步。孔子門人宰予晝寢，孔子責之曰：「朽木不可雕也，糞土之牆，不可杇也」！由此可知當時良木皆施以雕刻，普通泥土與磚築之牆，皆以有色之漆灰及他物等塗之。

門之制，前文已言之。論語鄉黨篇云：「立不中門，行不履閾」。由此可知門有閾，而以不履閾為知禮。縉紳邸中門之內外有屏。今日門內盡頭處有照壁者仍不少，官署等門前，有廣大之照壁，其表面畫有龍狀動物。論語八佾篇云「邦君樹塞門」，即記此事者。樹即屏也。

接近門處有門房，今日此風依然存在。門視身分之高而增其數。自第一門，經院子（即中庭）而至第二門。依此循環進至第三第四等門。天子宮城古來有門數重，今日北平城即其規模之最大者。

宮室之材料及構造，不得其詳；但知外部為磚造，內部為木造，屋頂則蔽以瓦。內外裝飾，頗形發達，隨處施以雕刻及五彩花紋。柱上備有枓栱。論語公冶長篇，有一節如左：

子曰，臧文仲居蔡，山節藻棁，何如其知也。

此乃批評臧文仲置卜筮之龜之屋者。節即枓栱，雕成山形。棁即樑上短柱，畫作草紋。吾人由此可知當時宮室構造之大要。即柱上備有枓栱。室內樑之露出者，其上立棁，棁上架棟，而露出化粧之垂木。梲上既畫成草紋，則其他部分，亦必皆以色彩裝飾矣。

春秋之世，諸侯因富強而流於奢侈，已成顯著之事實。魯莊公蔑禮而施雕刻於桓宮之桷。晉靈公厚斂以雕牆。齊景公為曲潢而橫木龍蛇，立木鳥獸（見內篇問下）。又據石索六所載，宗周豐宮瓦當，有四神之塑飾。則對於瓦之技巧，已甚進步可知。第十一圖為拓本四神之像，雖磨滅而不鮮明，但中央之⿰丰丰字則極明瞭，⿰丰丰即豐也。

第十一圖

周豐宮瓦當文

瓦當面逕六寸四圍作朱雀玄武青龍白虎之飾中有一字曰⿰丰丰

（四）陵墓

中國之陵墓，雖發達於上古，但按之於史，周代以前，尚多簡略，及至周末，大規模之陵墓，始告完成。帝堯之葬也，窾木為匱，以葛藟為緘，穿不亂泉，上不泄殠而已。

舜之葬蒼梧也，二妃不從，市廛不變其肆。禹之葬會稽也，樹不改其列，農不易畝。殷湯之葬處不詳。周之文武周公葬於陝西渭水北之畢，皆無丘壠，則周公葬兄甚薄也。孔子葬母於防，墓而不墳；葬子鯉有棺而無槨。

周代葬儀及陵墓之制，詳於周禮者如次：

「冢人掌公墓之地，辨其兆域而爲之圖，先王之葬居中，以昭穆爲左右，凡諸侯居左右以前，卿大夫居後，各以其族」。

「凡死於兵者，不入兆域。凡有功者居前，以爵等爲丘封之度與其樹數」。

王公曰丘，諸臣曰封。列侯之墳高四丈，關內侯以下至庶人各有差等。

「大喪既有日，請度甫竁，遂爲之尸」。

「及竁以度爲丘隧，共喪之窆器」。

葬時始掘竁（卽墓穴），是時行祭禮，以告於土地之神，乃下棺於穴中。下棺之時，於穴上兩旁立碑，碑有棒貫之，將抬棺之繩，卷於此棒以下棺。隧卽由外部通墓穴之道也。

「及葬言鸞車象人」。葬禮用鸞車象人，象人即俑也俑爲殷之芻靈之進化者。

「及窆，執斧以涖」。

「遂人藏凶器」。臨下棺時，乃入凶器，即明器也。明器爲副葬品。按明器夏后氏時已有之，周代仍襲用之。

「正墓位，蹕墓域，守墓禁」。

「凡祭墓爲尸」。

「凡諸侯及諸臣，葬於墓者，授之兆，爲之蹕，均其禁」。

以上皆見於周禮。蓋周自春秋之時，葬禮已甚厚，墳墓已甚廣大。孔子亦以厚葬爲言，而希望厚葬。論語子罕篇云：

「予縱不得大葬，予死於道路乎？」

孔子之門人顏淵死，門人欲厚葬之，其父請於孔子，欲賣孔子之車，爲淵造槨。孔子拒之曰：鯉也死，有棺而無槨。由是可知當時上流富家，皆於墓中作椁，而藏棺於椁內矣。

周時陵墓，似已有立石獸石人者。周宣王時，仲山甫之塚有石羊石虎。至拓拔魏時已潰碎略盡，見水經注。墓上所以植栢置石虎之原，由因魍魎好食死者之肝，而以栢與虎懼之使不敢近也。春秋以後，盛行厚葬之風，遂有石人。晉文公向周襄王請於墓設隧道，王不許，但其後靈公之塚，極其僭越。漢廣川王時發之，其塚四角以石爲獵犬，男女石人四十餘，皆侍立捧燭。屍敛中置有金玉，其他器物，皆已朽爛，只一玉蟾蜍，其大如拳，腹中容水五合，光潤如新云，見西京雜記。同書又記魏哀王塚，石牀之上有石几，左右各有三石人侍立，皆武冠帶劍。……牀之左右各有石婦人二十，悉皆侍立，或作執巾櫛鏡鑷之象，或作執盤奉食之形云。

越王勾踐之大夫文種之墓，在廣州之東。墓下有石，爲華表柱，上有石鶴一隻，見述異記。可知墓立華表之風，周代已有之。華表乃由闕變化者，後世仍用之。石鶴或爲石鳳之類，亦未可知。

齊景公墓在貝丘縣東北。唐人開之，掘下三丈，得一石函，中有一鵝，見酉陽雜俎。此皆埋葬甚深之例也。春秋以後，奢侈之風盛行，葬儀墳墓，極盡奢華，故墨子有論節葬一篇，古代陵墓現存者甚少。其式有二：一爲圓丘，一爲方丘，圓方二種，皆或成階級，或只爲缺球體，或爲梯形。今陝西咸陽縣以北一帶之地，卽古之畢原，纍纍古墳，散在其間。一部爲周陵，一部爲漢陵。周陵中世人有稱爲文王武王成王之陵，但疑信參半，不能確定。文王陵在咸陽北十五里之地，作長方梯形，大三百七十五尺至三百二十尺，高約六十尺，頂面百五十三尺至百五十四尺。周初卽有如是雄大之陵墓，頗屬可疑，然今不能加以否定。其南爲武王陵，爲圓墳。成王康王之陵，在文王陵之北與西北，皆略成方形之配置而作梯形，其輪廓皆已崩壞，失卻當初之原狀矣。（第十二十三十四圖）

第十二圖　畢原周漢陵墓分布圖

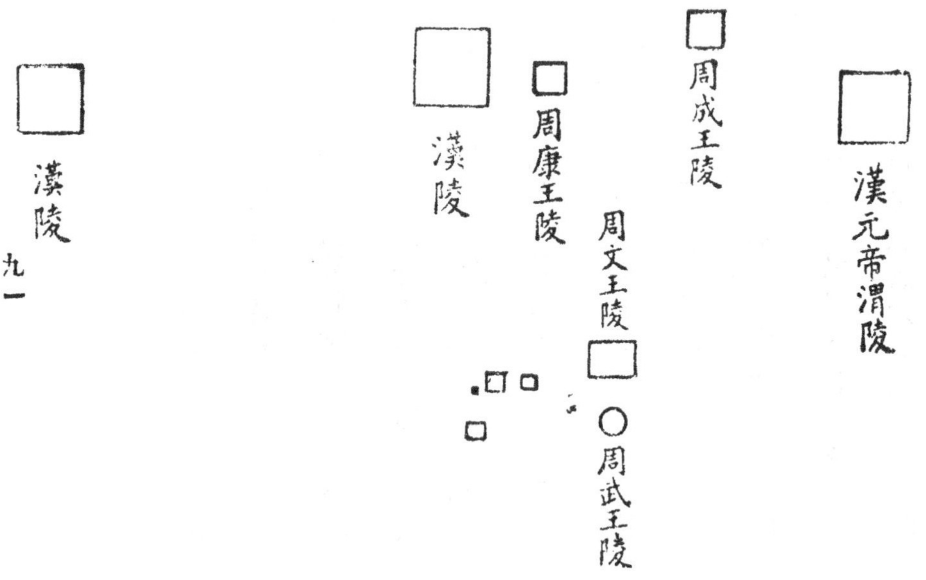

漢元帝渭陵
周成王陵
周康王陵
漢陵
周文王陵
周武王陵
漢陵

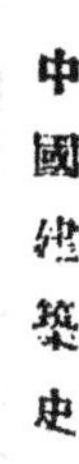

第十三圖 周文王及武王陵

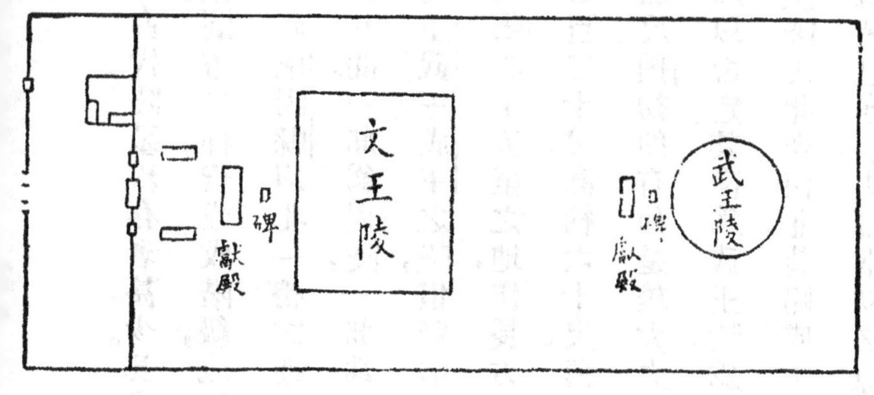

第十四圖

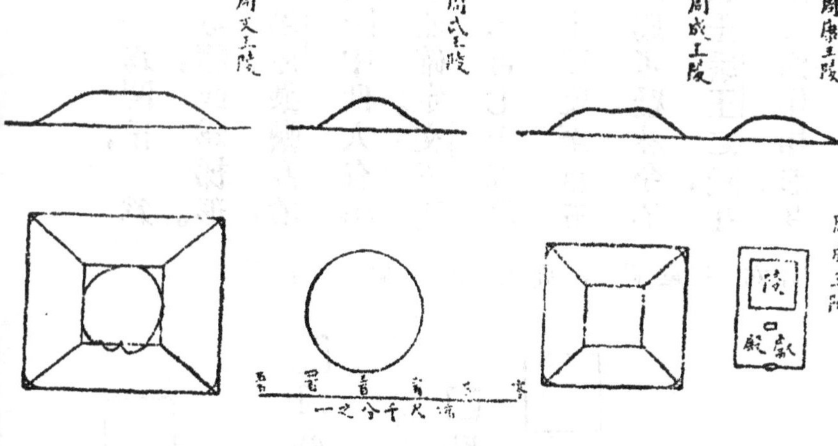

吴王闔閭之墓，在江蘇蘇州城西，名爲「虎丘」。據越絶書，闔閭冢在吴縣昌門外，名虎丘，下有池，廣六十米，水深一丈五尺，桐棺三重，澒池六尺，玉鳧之流扁諸之詞三千，方員之口三千，有槃郢魚腸之劍，卒使餘萬人治之，臨湖取土葬之，三日有白虎居其上，故號虎丘云。今丘墳輪廓已破，不能知其原形。丘上屹立一塔，明代所修造者。

齊桓公墓，在山東青州，山東鐵道綫路附近，作階狀方墳，惜未得詳細調查。管仲之墓，亦在其附近。

孔子之墓，在山東曲阜，原稱爲馬鬣封，乃前低後高其形如館者也。現狀則爲圓墳。鯉及子思之墓在其附近，亦爲圓墳。鄒縣孟子之墓亦同。又江西南昌有稱爲澹臺滅明之墓者，亦疑信參半。以石壘之，作方錐形，頗爲奇異。

要之周代王室及諸侯之陵墓形式，簡單而規模極大。其國力如何旺盛，文化程度如何進步，亦可想見矣。

（五） 建築裝飾及花樣

周代建築物之裝飾，已大有可觀。其確實之程度，徵於前記數例自明；然其具體的形象，則未詳也。

就「山節藻梲」之文字解之，山節，即刻山於枓栱；藻梲，即畫藻於梁上短柱也。以山作裝飾之例，自上古已有之；帝王衣上畫山，見於史傳。故花紋中之有山，無可否定之理由。但畫草一事，頗堪考慮。上古中國所用之花樣，見於周漢古銅器及玉器等者，皆以動物，或天體，及幾何學的花樣，爲主要材料，植物性之物，殆不多見。此因古代中國人不置重於自然界之客觀的考察，而置重於人界之主觀的考察，或基陰陽五行之說，或取祥瑞之兆，或被階級制度所束縛，與其謂花紋置重於外觀之美，無寧謂其爲表示特殊之意義。故匠家不得充分發揮其思想。總之古代中國之花紋，多硬直而無婉曲流暢之意，而有一種神祕如謎之氣味。且古代花紋，多雕刻於石及玉上，石玉之爲物，異常堅硬，刻時所用器具又不十分銳利，故只能成硬直之輪廓。植物界花樣所以極少者，蓋因中國北部，樹木鮮少，對於自然植物之觀念較爲薄弱故也。然而中國北部，亦必有花卉蔬菜雜草之類，則他種花紋，遇有機會，遂便化爲植物之花樣，亦屬意中之事，但今已不能詳耳。藻爲水草，可解爲花樣因方便而化者，然實際爲何狀，殊不能明。假令如漢鏡上所鑄之藤蔓，則非優麗婉曲者，實爲硬固強直之半幾何學的花紋耳。

石索六中載有宗周豐都之瓦當，則周初瓦當上已施以裝飾矣。由此推之，則屋頂屋隅，亦必附加以裝飾。故刻桷雕牆之說，見於傳記也。

中國玉器或銅器上所用之特殊花紋，是否亦用於建築，殊不能明。然想像其中之某種，或變形而適用於建築，當無不可。此可由後世建築之實物推之。梁、棟、柱、短柱等構架材上，凡雷紋、雲紋、及由此出發而變形之花紋，與一種藻紋，皆適用之。又窗之櫺孔，已用某種複雜之式樣，亦可想像得之。建築物之內外，皆以色彩塗之。今日主要之色爲丹，微細之處多用青色及類於青之色。

第三節　秦　紀元前二二五六——紀元前二〇七

（一）總論

秦至始皇，兼併六國，統一天下，改封建之制爲郡縣之制，此爲中國歷史上一大革新事實。蓋中國至秦，始建設統一之大帝國也。

秦代立國雖短，然在文化史上之意義，則甚重大。周代已發達之藝術，至秦更修飾之。豪宕英邁之始皇，無論何事皆好作破天荒之大事業，有超越前代文物更創建新藝術之勢。始皇使蒙恬在北境築長城以防匈奴。據史傳所載，長城西起臨洮，東至遼東，亘山越谷，蜿蜒不知若干里，俗呼爲萬里長城。然此非始皇帝一代之事業也。戰國時代，趙與燕隨處築城，以備北狄，始皇不過補綴而連續之耳。後六朝及隋與明皆修補之。始皇時所築之部分，究在何處，今已不可確知矣。

長城之起源，日本文學士橋本增吉氏曾研究而發表之。氏謂在因對外而築長城之前，春秋戰國羣雄，早已因對內而築之。史籍所載紀元前三七三年齊之長城最早。紀元前三六九年中山國亦築長城。紀元前三()六年，秦趙復築之。當時城壁，多用土築。詩大雅篇有「以爾鉤援，以爾臨衝，以伐崇墉」之句，墉乃土壁也。易之泰卦曰：「城復於隍」，即用掘隍之土所築之城壁，因崩壞而復入於隍之意。由此可以想見當時城壁之構造。故氏謂當時無磚造之城壁。

始皇帝統一天下，以對外之目的，將長城補綴而增築之。然其長城，決非亘山越谷，由臨洮連續至遼東者。今日就實地考查之，當時自漢土通北狄之道路雖多，然不過當主要道路中，在國境上，設置關門，於門之左右築城壁耳。此城壁因地形而異；其城之長，或數十丈而中止於斷崖，或數里而及於山背，種類極多，難以盡述。據余親實地調查，以河北北境張家口長城之遺址爲最古（第十五十

（第十五圖）

（第十六圖）

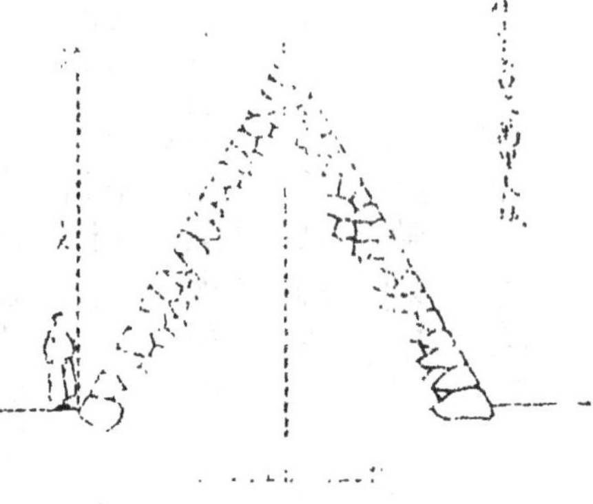

（第十七圖）

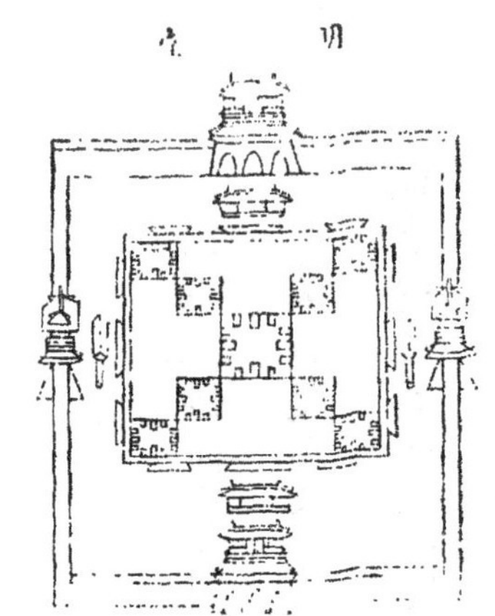

六圖）。此長城究爲秦代之物，抑爲其後之物，則不能明。此關門之西丘陵上，雖尚有城壁，但頗簡單，僅作等邊三角形之式，堆小石而成石壘，其底寬及高各不過一丈至一丈五尺左右。其石即取用丘陵中露出之岩石，其每塊之大，爲一尺至二尺之譜，即一人得取一個之程度。石與石間，亦無埶灰等膠着材料，只雜亂堆積而已。若欲攀而登之，無大困難。又處處有望樓遺址，如崩圮塔狀。此石壁之長度不明，大約不過數百丈。此種簡單之城壁，建築甚易，雖數千百里之長，如用多數工役，不須數年即可竣工矣。要之古代之長城，隨地不同，或用石，或用土，或用磚，其規模材料構造，非一定也。

始皇帝好偉大之土木，阿房宮乃其最顯著者。阿房宮與咸陽，隔渭水而相對，在今西安城西郊。據史傳所載，東西五百步，南北五十丈，上可坐萬人，下可建五丈之旗，周馳而爲閣道，可由殿下直抵南山云。徵於所謂五步一樓十步一閣，則其規模之宏大可知。武梁祠雕刻中，亦有秦王宮殿，中有樓閣；所謂五步一樓十步一閣者，可以想見。其記事雖屬誇張，然由始皇之性格言之，則阿房宮之極其雄大華麗，亦可推知也（參照第一章第四節）。

始皇帝又架石橋於渭水之上，其時因鐵墩重而不可勝，故刻作石力士孟賁等之像，祭時能移動。橋長三百六十步，寬六十尺，由六十八拱而成云。後漢初平元年（公元一九〇），及東晉義熙十三年（公元四一七）曾復修之。唐高祖武德元年（公元六一八）斷落云。

始皇帝又收天下兵器，聚於咸陽，銷解之而造為鐘鐻及金人各十二，立於宮門，重皆千石。或謂各重二十四萬斤。鐘鐻之高二丈或三丈，金人之高五丈，足履六尺，其巨大可想。當時鑄金之術，已甚發達，亦可知矣。

秦之明堂，聶崇義三禮圖中（第十七圖）曾載其規模，然難得其要領。但據其解說，改周之五室為九室，有三十六戶七十二牖，十二階。又云周圍之城門各開三拱，最當注目。拱之形式，雖不能信賴此圖，但殊有異趣。似非眞圓拱，而帶幾分橢圓形。殆與今日諸城門之拱相似也。

（二） 遺跡

秦代遺物之可特筆記載者，為始皇帝陵。陵在陝西臨潼縣驪山之麓，今當西安城東約五十華里。據史傳，始皇自即位之初，即開始工作，徵發七十餘萬人，下穿三泉，上崇山墳，高五十餘丈，周圍五里餘。其內石槨上畫天文星宿，下以水銀為四瀆百川，金銀之鳧雁，金蠶，瑠璃雜寶之龜魚，雕玉之鯨魚，銜火珠之星，及其他珍寶奇器充滿其中。楚項羽入關發掘之，以三十萬人搬運三十日，猶未盡云。陵上又有石獸等，後移於漢之五柞宮，高一丈三尺云。

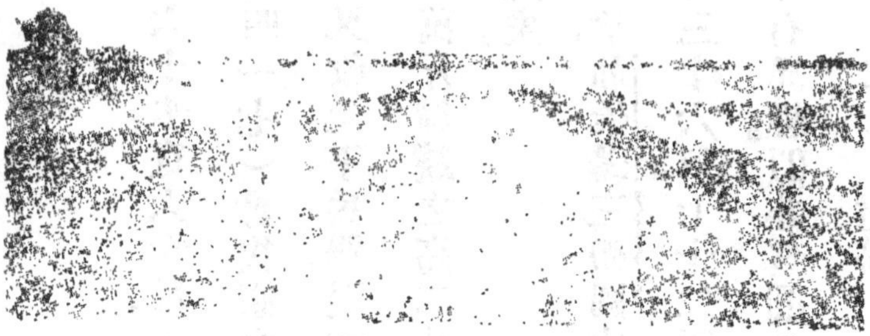

（第十八圖）

始皇陵今仍巍然聳於平野之上，其輪廓之一部已崩壞，創建時之規模已不能明。今踏測之，其形式爲方形，其一邊之長，據關野貞博士調查爲一千一百三十尺，據余之調查則約千尺許，其高度現在不足百尺，由全部之配置考之，創立時殆爲百尺左右。其形爲階級式方錐形，但其確實之輪廓，已不可知。石獸及其他儀飾今雖不留片影；然若發掘之，恐項羽運勝之幾多明器類仍可采集若干也。（第十八圖）

要之此陵墓爲中國通古今之最大者。其所覆之面積，據關野博士所測，爲三萬五千坪，據余之調查，爲二萬八千坪，較埃及最大之金字塔尤大。除日本仁德天皇之陵超過十萬坪一例外

土之牆，不可杇也」！由此可知當時良木皆施以雕刻，普通泥土與磚築之牆，皆以有色之漆灰及他物等塗之。

門之制，前文已言之。論語鄉黨篇云：「立不中門，行不履閾」。由此可知門有閾，而以不履閾爲知禮。縉紳邸中門之內外有屏。今日門內盡頭處有照壁者仍不少。官署等門前，有廣大之照壁，其表面畫有龍狀動物。論語八佾篇云「邦君樹塞門」，卽記此事者。樹卽屏也。

接近門處有門房，今日此風依然存在。門視身分之高而增其數。自第一門，經院子（卽中庭）而至第二門。依此循環進至第三第四等門。天子宮城古來有門數重。今日北平城卽其規模之最大者。

宮室之材料及構造，不得其詳；但知外部爲磚造，內部爲木造，屋頂則蔽以瓦。內外裝飾，頗形發達，隨處施以雕刻及五彩花紋。柱上備有科栱。論語公冶長篇，有一節如左：

子曰，臧文仲居蔡，山節藻梲，何如其知也。

此乃批評臧文仲置卜筮之龜之屋者。節卽科栱，雕成山形。梲卽樑上短柱，畫作草紋。吾人由此可知當時宮室構造之大要。卽柱上備有科栱。室內樑之露出者，其上立梲，梲上架棟，而露出化粧之垂木。梲上既畫成草紋，則其他部分，亦必皆以色彩裝飾矣。

春秋之世，諸侯因富強而流於奢侈，已成顯著之事實。魯莊公蔑禮而施雕刻於桓宮之桷。晉靈公厚歛以雕牆。齊景公為曲潢而橫木龍蛇，立木鳥獸（見內篇問下）。又據石索六所載，宗周豐宮瓦當，有四神之塑飾。則對於瓦之技巧，已甚進步可知。第十一圖為拓本四神之像，雖磨滅而不鮮明，但中央之丰字則極明瞭，丰即豐也。

第十一圖

周豐宮瓦當文

瓦當面逕六寸四圍作朱雀玄武青龍白虎之飾中有一字曰丰

（四）陵墓

中國之陵墓，雖發達於上古，但按之於史，周代以前，尚多簡略，及至周末，大規模之陵墓，始告完成。帝堯之葬也，穀木為匱，以葛藟為緘，穿不亂泉，上不泄殠而已。

舜之葬蒼梧也，二妃不從，市廛不變其肆。禹之葬會稽也，樹不改其列，農不易畝。殷湯之葬處不詳。周之文武周公葬於陝西渭水北之畢，皆無丘壠，則周公葬兄甚薄也。孔子葬母於防，墓而不墳；葬子鯉有棺而無槨。

周代葬儀及陵墓之制，詳於周禮，著如次：

「冢人掌公墓之地，辨其兆域而爲之圖，先王之葬居中，以昭穆爲左右，凡諸侯居左右以前，卿大夫居後，各以其族」。

「凡死於兵者，不入兆域。凡有功者居前，以爵等爲丘封之度與其樹數」。

王公曰丘，諸臣曰封。列侯之墳高四丈，關內侯以下至庶人各有差等。

「大喪既有日，請度甫竁，遂爲之尸」。

「及竁以度爲丘隧，共喪之窆器」。

葬時始掘竁（即墓穴），是時行祭禮，以告於土地之神，乃下棺於穴中。下棺之時，於穴上兩旁立碑，碑有棒貫之，將抬棺之繩，卷於此棒以下棺。隧即由外部通墓穴之道也。

「及葬言鸞車象人」。

葬禮用鸞車象人，象人即俑也俑爲殷之芻靈之進化者。

「及窆，執斧以涖」。

「遂人藏凶器」。

臨下棺時，乃入凶器，即明器也。明器爲副葬品。按明器夏后氏時已有之，周代仍襲用之。

「正墓位，蹕墓域，守墓禁」。

「凡祭墓爲尸」。

「凡諸侯及諸臣，葬於墓者，授之兆，爲之蹕，均其禁」。

以上皆見於周禮。蓋周自春秋之時，葬禮已甚厚，墳墓已甚廣大。孔子亦以厚葬爲言，而希望厚葬。論語子罕篇云：

「予縱不得大葬，予死於道路乎？」

孔子之門人顏淵死，門人欲厚葬之，其父請於孔子，欲賣孔子之車，爲淵造槨。孔子拒之曰：鯉也死，有棺而無槨。由是可知當時上流富家，皆於墓中作椁，而藏棺於椁內矣。

周時陵墓，似已有立石獸石人者。周宣王時，仲山甫之塚有石羊石虎。至拓拔魏時已潰碎略盡，見水經注。墓上所以植栢置石虎之原，由因魍魎好食死者之肝，而以栢與虎懼之使不敢近也。春秋以後，盛行厚葬之風，遂有石人。晉文公向周襄王請於墓設隧道，王不許。但其後靈公之塚，極其僭越。漢廣川王時發之，其塚四角以石爲獵犬。男女石人四十餘，皆侍立捧燭。屍歛中置有金玉，其他器物，皆已朽爛，只一玉蟾蜍，其大如拳，腹中容水五合，光潤如新云，見西京雜記。同書又記魏哀王塚，石牀之上有石几，左右各有三石人侍立，皆武冠帶劍。……牀之左右各有石婦人二十，悉皆侍立，或作執巾櫛鏡鑷之象，或作執盤奉食之形云。

越王勾踐之大夫文種之墓，在廣州之東。墓下有石，爲華表柱，上有石鶴一隻。見述異記。可知墓立華表之風，周代已有之。華表乃由闕變化者，後世仍用之。石鶴或爲石鳳之類，亦未可知。

齊景公墓在貝丘縣東北。唐人開之，掘下三丈，得一石函，中有一鵝，見酉陽雜俎。此皆埋葬甚深之例也。春秋以後，奢侈之風盛行，葬儀墳墓，極盡奢華，故墨子有論節葬一篇，古代陵墓現存者甚少。其式有二：一爲圓丘，一爲方丘，圓方二種，皆或成階級，或只爲缺球體，或爲梯形。今陝西咸陽縣以北一帶之地，卽古之畢原，纍纍古墳，散在其間。一部爲周陵，一部爲漢陵。周陵中世人有稱爲文王武王成王之陵，但疑信參半，不能確定。文王陵在咸陽北十五里之地，作長方梯形，大三百七十五尺至三百二十尺，高約六十尺，頂面百五十三尺至百五十四尺。周初卽有如是雄大之陵墓，頗屬可疑，然今不能加以否定。其南爲武王陵，爲圓墳。成王康王之陵，在文王陵之北與西北，皆略成方形之配置而作梯形，其輪廓皆已崩壞，失卻當初之原狀矣。（第十二十三十四圖）

第十二圖　畢原周漢陵墓分布圖

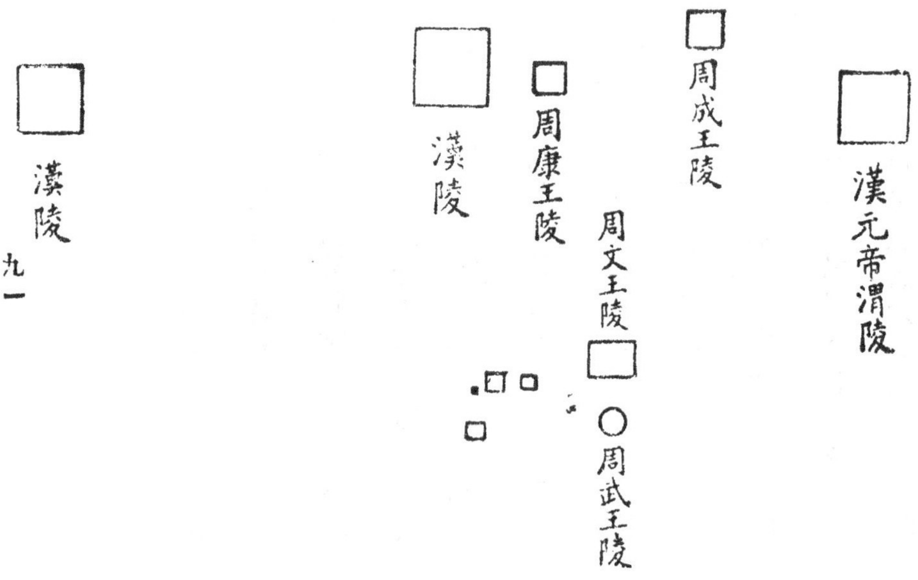

漢元帝渭陵
周成王陵
周康王陵
漢陵
周文王陵
周武王陵
漢陵

第十三圖　周文王及武王陵

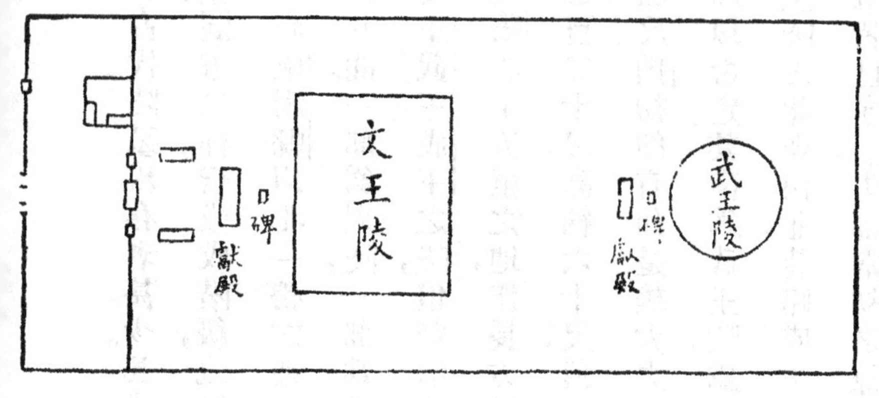

第十四圖

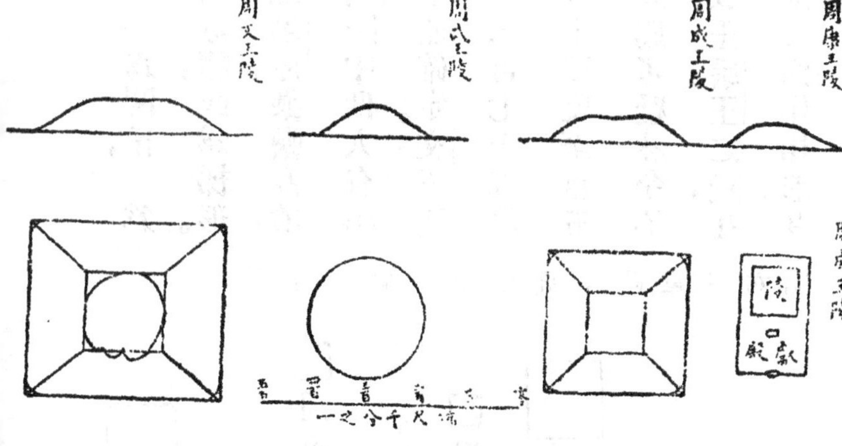

吳王闔閭之墓，在江蘇蘇州城西，名爲「虎丘」。據越絕書，闔閭冢在吳縣昌門外，名虎丘，下有池，廣六十米，水深一丈五尺，桐棺三重，澒池六尺，玉鳧之流扁諸之詞三千，方員之口三千，有槃郢魚腸之劍，卒使餘萬人治之，臨湖取土，葬之三日，有白虎居其上，故號虎丘云。今丘壙輪廓已破，不能知其原形。丘上屹立一塔，明代所修造者。

齊桓公墓，在山東青州，山東鐵道線路附近，作階狀方墳，惜未得詳細調查。管仲之墓，亦在其附近。

孔子之墓，在山東曲阜，原稱爲馬鬣封，乃前低後高其形如館者也。現狀則爲圓墳。鯉及子思之墓在其附近，亦爲圓墳。鄒縣孟子之墓亦同。又江西南昌有稱爲澹臺滅明之墓者，亦疑信參半。以石壘之，作方錐形，頗爲奇異。

要之周代王室及諸侯之陵墓形式，簡單而規模極大。其國力如何旺盛，文化程度如何進步，亦可想見矣。

（五） 建築裝飾及花樣

周代建築物之裝飾，已大有可觀。其確實之程度，徵於前記數例自明；然其具體的形象，則未詳也。

就「山節藻梲」之文字解之，山節，即刻山於枓栱；藻梲，即畫藻於梁上短柱也。以山作裝飾之例，自上古已有之；帝王衣上書山，見於史傳。故花紋中之有山，無可否定之理由。但畫草一事，頗堪考慮。上古中國所用之花樣，見於周漢古銅器及玉器等者，皆以動物，或天體，及幾何學的花樣，爲主要材料，植物性之物，殆不多見。此因古代中國人不置重於自然界之客觀的考察，而置重於人界之主觀的考察，或基陰陽五行之說，或取祥瑞之兆，或被階級制度所束縛，與其謂花紋置重於外觀之美，無寧謂其爲表示特殊之意義。故匠家不得充分發揮其思想。總之古代中國之花紋，多硬直而無婉曲流暢之意，而有一種神祕如謎之氣味。且古代花紋，多雕刻於石及玉上，石玉之爲物，異常堅硬，刻時所用器具又不十分銳利，故只能成硬直之輪廓。植物界花樣所以極少者，蓋因中國北部，樹木鮮少，對於自然植物之觀念較爲薄弱故也。然而中國北部，亦必有花卉蔬菜雜草之類，則他種花紋遇有機會，遂便化爲植物之花樣，亦屬意中之事，但今已不能詳耳。藻爲水草，可解爲花樣因方便而化者，然實際爲何狀，殊不能明。假令如漢鏡上所鑄之藤蔓，則非優麗婉曲者，實爲硬固強直之半幾何學的花紋耳。

石索六中載有宗周豐都之瓦當，則周初瓦當上已施以裝飾矣。由此推之，則屋頂屋隅，亦必附加以裝飾。故刻桷雕牆之說，見於傳記也。

中國玉器或銅器上所用之特殊花紋，是否亦用於建築，殊不能明。然想像其中之某種，或變形而適用於建築，當無不可。此可由後世建築之實物推之。梁、棟、柱、短柱等構架材上，凡雷紋、雲紋、及由此出發而變形之花紋，與一種藻紋，皆適用之。又窓之櫺孔，已用某種複雜之式樣，亦可想像得之。建築物之內外，皆以色彩塗之。今日主要之色爲丹，微細之處多用青色及類於青之色。

第三節　秦　紀元前二二五六——紀元前二〇七

（一）總論

秦至始皇，兼併六國，統一天下，改封建之制爲郡縣之制，此爲中國歷史上一大嶄新事實。蓋中國至秦，始建設統一之大帝國也。

秦代立國雖短，然在文化史上之意義，則甚重大。周代已發達之藝術，至秦更修飾之。豪宕英邁之始皇，無論何事皆好作破天荒之大事業，有超越前代文物更創建新藝術之勢。始皇使蒙恬在北境築長城以防匈奴。據史傳所載，長城西起臨洮，東至遼東，亘山越谷，蜿蜒不知若干里，俗呼為萬里長城。然此非始皇帝一代之事業也。戰國時代，趙與燕隨處築城，以備北狄，始皇不過補綴而連續之耳。後六朝及隋與明皆修補之。始皇時所築之部分，究在何處，今已不可確知矣。

長城之起源，日本文學士橋本增吉氏曾研究而發表之。氏謂在因對外而築長城之前，春秋戰國羣雄，早已因對內而築之。史籍所載紀元前三七三年齊之長城最早。紀元前三六九年中山國亦築長城。紀元前三()六年，秦趙復築之。當時城壁，多用土築。詩大雅篇有「以爾鉤援，以爾臨衝，以伐崇墉」之句，墉乃土壁也。易之泰卦曰：「城復於隍」，即用掘隍之土所築之城壁，因崩壞而復入於隍之意。由此可以想見當時城壁之構造。故氏謂當時無磚造之城壁。

始皇帝統一天下，以對外之目的，將長城補綴而增築之。然其長城，決非亘山越谷，由臨洮連續至遼東者。今日就實地考查之，當時自漢土通北狄之道路雖多，然不過當主要道路中，在國境上，設置關門，於門之左右築城壁耳。此城壁因地形而異；其城之長，或數十丈而中止於斷崖，或數里而及於山背，種類極多，難以盡述。據余親實地調查，以河北北境張家口長城之遺址為最古（第十五十

(第十五圖)

(第十六圖)

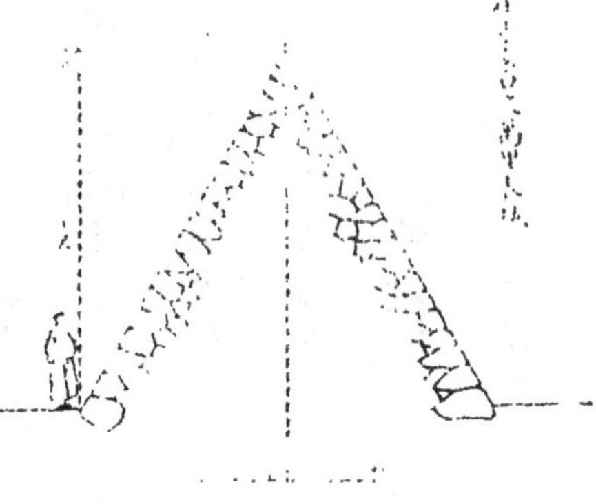

(第十七圖)

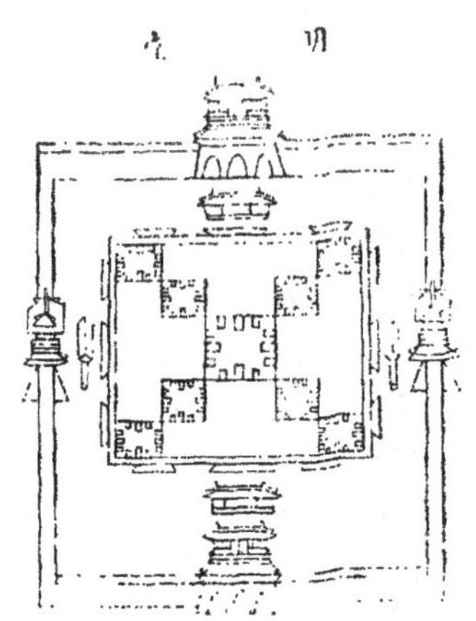

六圖）。此長城究爲秦代之物，抑爲其後之物，則不能明。此關門之西丘陵上，雖尚有城壁，但頗簡單，僅作等邊三角形之式，堆小石而成石壘，其底寬及高各不過一丈至一丈五尺左右。其石卽取用丘陵中露出之岩石，其每塊之大，爲一尺至二尺之譜，卽一人得取一個之程度。石與石間，亦無勢灰等膠着材料，只雜亂堆積而已。若欲攀而登之，無大困難。又處處有望樓遺址，如崩圮塔狀。此石壁之長度不明，大約不過數百丈。此種簡單之城壁，建築甚易，雖數千百里之長，如用多數工役，不須數年，卽可竣工矣。要之古代之長城，隨地不同，或用石，或用土，或用磚，其規模材料構造，非一定也。

始皇帝好偉大之土木，阿房宮乃其最顯著者。阿房宮與咸陽，隔渭水而相對，在今西安城西郊。據史傳所載，東西五百步，南北五十丈，上可坐萬人，下可建五丈之旗，周馳而爲閣道，可由殿下直抵南山云。徵於所謂五步一樓十步一閣，則其規模之宏大可知。武梁祠雕刻中，亦有秦王宮殿，中有樓閣；所謂五步一樓，十步一閣者，可以想見。其記事雖屬誇張，然由始皇之性格言之，則阿房宮之極其雄大華麗，亦可推知也（參照第一章第四節）。

始皇帝又架石橋於渭水之上，其時因鐵墩重而不可勝，故刻作石力士孟賁等之像，祭時能移動。橋長三百六十步，寬六十尺，由六十八拱而成云。後漢初平元年（公元一九〇），及東晉義熙十三年（公元四一七）曾復修之。唐高祖武德元年（公元六一八）斷落云。

始皇帝又收天下兵器，聚於咸陽，鎔解之而造爲鐘鐻及金人各十二，立於宮門，重皆千石。或謂各重二十四萬斤。鐘鐻之高二丈或三丈，金人之高五丈，足履六尺，其巨大可想。當時鑄金之術，已甚發達，亦可知矣。

秦之明堂，聶崇義三禮圖中（第十七圖）曾載其規模，然難得其要領。但據其解說，改周之五室爲九室，有三十六戶七十二牖，十二階。又云周圍之城門各開三拱，最當注目。拱之形式，雖不能信賴此圖，但殊有異趣。似非眞圓弧，而帶幾分橢圓形。殆與今日諸城門之拱相似也。

（二） 遺跡

秦代遺物之可特筆記載者，爲始皇帝陵。陵在陝西臨潼縣驪山之麓，今當西安城東約五十華里。據史傳，始皇自即位之初，即開始工作，徵發七十餘萬人，下穿三泉，上崇山墳，高五十餘丈，周圍五里餘。其內石槨上畫天文星宿，下以水銀爲四瀆百川，金銀之鳧雁，金蠶，瑠璃雜寶之龜魚，雕玉之鯨魚，銜火珠之星，及其他珍寶奇器充滿其中。楚項羽入關發掘之，以三十萬人搬運三十日，猶未盡云。陵上又有石獸等，後移於漢之五柞宮，高一丈三尺云。

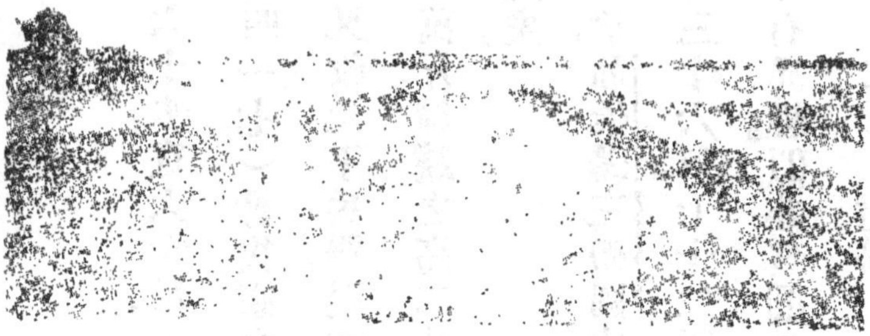

（第十八圖）

始皇陵今仍巍然聳於平野之上，其輪廓之一部已崩壞，創建時之規模已不能明。今踏測之，其形式爲方形，其一邊之長，據關野貞博士調查爲一千一百三十尺，據余之調查則約千尺許，其高度現在不足百尺，由全部之配置考之，創立時殆爲百尺左右。其形爲階級式方錐形，但其確實之輪廓，已不可知。石獸及其他儀飾今雖不留片影，然若發掘之，恐項羽運勝之幾多明器類仍可采集若干也。（第十八圖）

要之此陵墓爲中國通古今之最大者。其所覆之面積，據關野博士所測，爲三萬五千坪，據餘之調查，爲二萬八千坪，較埃及最大之金字塔尤大。除日本仁德天皇之陵超過十萬坪一例外，

第十九圖　秦瓦

第二十圖　衛瓦

要以中國始皇墳爲世界第一等巨構明矣

秦瓦，據石索所載，有十六種瓦當與一種平瓦，似皆可信。瓦當中有「維天降靈延元萬年，天下康寧」之文字者，爲由阿房宮舊趾發見者云，其直徑四寸五分（第十九圖）。又有衛字者數個，此殆仿衛之宮殿而用衛瓦者（第二十圖）。史記云，「秦每破諸侯，寫仿其宮室，作之咸陽北阪上」。又長安志云：「瓦作「楚」字者，秦瓦也」。秦破列國，模仿其國之建築，　其國名於瓦當也。要之秦處邊陬，文化之開也較遲，故努力攝取中央諸國進步之藝術也。

又有一種珍貴瓦當，下作飛鴻之圖，上有延年二字（第二十一圖）。鴻臺爲秦始皇二十七年所築，高四十丈，上起觀宇，帝嘗射飛鴻於臺上，故號鴻臺云。

有稱爲阿房宮之瓦者，上有「西瓦二十九六月官瓦」字樣，其由來未詳，乃由阿房宮舊地發見者云，今日阿房宮舊址，仍常發見古瓦云。

第二十一圖　秦瓦

第四節　漢　公元前二〇七—公元二二一

（一）總說

兩漢四百餘年間，文物進步，異常迅速，周秦所大成之漢族文化，至漢修飾而練磨之，故當代國力之發展，實有可驚人者。北方鎮壓匈奴，南方併有今安南之北半部，東取朝鮮，服屬韓倭。西則今之新疆全部，皆其領土，葱嶺以西之大夏康居大月氏安息等，皆歸其勢力範圍。又其西方之條支大秦等，亦知漢之強大而通款。印度特傳佛教於中國，是當時世界之列強，皆通漢土，而行文物之交換也。

漢代藝術之變遷，由史實考之，可區劃爲三期：第一期，自漢初至武帝時，此爲周秦之繼續，純然漢族藝術之時代也。第二期，自武帝時博望侯張騫作探險的大旅行，與西域諸國交通始，至後漢明帝時止，此時代可認爲以前之純漢藝術中，加入西域藝術。所謂西域藝術者，即泰西古典藝術與西域之地方藝術之混合也。第三期，則後漢明帝時印度攝摩騰竺法蘭傳入佛教以後是也。此時代，乃在既往之藝術上，更加入印度佛教藝術矣。

由史實上觀之，實不得不區分以上三期。現希爾特先生亦有此種見解，已如前述。但事實上果否如此推移，仍應考慮。例如蒲桃（葡萄）種乃張騫由西域齎入者，然不能謂葡萄藤蔓之花樣，盛行於武帝以後。又如海馬葡萄鑑，創作於前漢時，亦無確證。又如後漢明帝時始建佛寺，然其建築亦難認爲適用印度手法者，故當時之建築裝飾，不能謂爲適用印度手法與花樣也。總之外國藝術之感化，在與外國接觸之後，必經長久之時日，始能漸次普及；不能謂史實上之交通，即藝術上之交通也。據余輩之見，中國行西亞地方之藝術，大約在後漢時，即由班超遠征時始。佛教藝術之普及，由漢以後，即兩晉之時始。

要之漢代四百年間之藝術，當爲周秦之繼承者。當時純漢族藝術，日益發達，西域之潮流，雖然注入，亦不過融化消沒於漢族藝術之大海中。其時西域藝術，雖對漢族藝術與以影響，但尚未至改竄色彩之程度。佛教藝術，在漢以後雖大有勢力，然當漢末仍甚微弱也。

要之漢代之藝術，當仍認爲漢族固有之式樣，其間尚無因式樣之變化而分期之必要。其與周代不同之點，第一爲普通藝術，由周代之古勁進於莊麗。第二，隨國力之發展而趨於雄大。第三，由西域諸國文物之輸入而加入新味。第四，由佛教之傳入，卽伽藍建築之勃興，而見佛教藝術之發端。以下各依類解釋之。

（一） 宮室

漢代之宮室，卽或不勝過秦始皇之阿房，然以意度之，亦當極其壯大豪奢，而不劣於阿房也。其遺跡雖無可徵，然可由史傳大略知之。漢高祖時營造之未央宮長樂宮，武帝時經營之上林苑，史籍所載壯麗之程度，雖爲誇張的記述，但其足令人驚歎，已可想見。漢劉歆西京雜記云：

漢高帝七年，蕭相國營未央宮，因龍首山制前殿，建北闕。未央宮周迴二十二里九十五步五尺，街道周迴七十里，臺殿四十三，其三十二在外，其十一在後，宮池十三，山六，池一，山一，亦在後宮，門闔凡九十五。武帝作昆明池，欲伐昆明夷，教習水戰，因而於上遊戲養魚，魚給諸陵廟祭祀，餘付長安市賣之，池周迴四十里。

西京雜記中仍有若干有興味之資料，例如成帝所寵之趙飛燕與其妹同在宮中佚樂，有左列之記事：

趙飛燕女弟住昭陽殿，中庭彤朱，而殿上丹漆，砌皆銅沓黃金塗，白玉階，壁帶往往爲黃金釭，含藍田璧，明珠翠羽飾之，上設九金龍，皆銜九子金鈴，五色流蘇，帶以綠文紫綬，金銀花鑷，每好風日，幡旄立影，照耀一殿，鈴鑷之聲，驚動左右，中設木畫屏風，文如蜘蛛絲縷，玉几玉牀，白象牙簟，綠熊席，席毛二尺餘，人眠而擁毛自蔽，望之不能見，坐則沒膝，其中雜熏諸香，一坐此席，餘香百日不歇。（下略）

其奢侈亦可驚矣。又哀帝之嬖臣董賢，乃一美少年也，帝溺惑之，有左列之記事：

哀帝爲董賢起大第於北闕下，重五殿，洞六門，柱壁皆畫雲氣，華蘤，山靈，水怪，或衣以綈錦。或飾以金玉。南門三重，署曰南中門，南上門，南更門。東西各三門，隨方面題署亦如之。樓閣臺榭相連注，山池玩好，窮盡雕麗。

可知當時之宮殿樓閣，皆以極華麗彩色之花紋，及金銀珠玉裝飾之矣。其花紋爲中國常用之特殊動植物等。其珠玉則爲西域輸入之寶石類。

班固所作之東西兩都賦中，有可窺見當時宮殿偉觀之文字。班固上和帝賦云：

建金城而萬雉，呀周池而成淵，披三條之廣路，立十二之通門。內則街衢洞達，閭閻且千，九市開場，貨別隧分，人不得顧，車不得旋，闐城溢郭，旁流百廛，紅塵四合，煙雲相連。

此乃謳歌長安城之規模，與城內之繁榮者。其關於上林苑者如左：

西郊則有上囿禁苑，林麓藪澤，陂池，連乎蜀漢，繚以周牆，四百餘里。離宮別館，三十六所，神池靈沼，往往而在。其中乃有九眞之麟，大宛之馬，黃支之犀，條支之鳥，踰崑崙，越巨海，殊方異類，至於三萬里。其宮室也，體象乎天地，經緯乎陰陽，據坤靈之正位，倣太紫之圓方，樹中天之華闕，豐冠山之朱堂，因瓌材而究奇，抗應龍之虹梁，列棼橑以布翼，荷棟桴而高驤，雕玉瑱以居楹，裁金壁以飾璫，發五色之渥彩，光爓朗以景彰，於是左墄右平，重軒三階，閨房周通，門闥洞開，列鍾虡於中庭，立

金人於端闈（下略）

此言上林苑內集世界各地之動物也。所謂條支之鳥，殆卽駝鳥。其宮室之雕鏤，傅彩之華美，讀此則有如目覩。可知當時漢之勢力，擴張於世界，宮殿之建築，以五彩飾之。楹與瑠，以寶玉與金銀飾之，其尤有興味者，爲櫟作龍形，卽虹梁之手法也。其建築雕刻已發達至於極端之程度矣。

武帝之上林苑在長安西郊，渭水之南，其瓦當上有刻「甘泉上林」者，據此，則與甘泉宮有關係矣。甘泉宮爲秦二世所創，屬今陝西淳化縣，在西安西北約一百五十華里，不與上林在一處。上林苑至武帝乃大擴張而修理之。帝於元封二年（公元前一〇九）（或謂元鼎元年），在此造通天臺（又名候神臺，望仙臺），高二十丈，以香柏作殿梁，香聞十里，故又名柏梁臺。臺上建銅柱（金莖），高三十丈，上有仙人掌捧玉杯，以承雲表之甘露，卽承露盤也。盤大七圍，去長安二百里可望見云。西都賦歌詠此物有云：

抗仙掌以承露，擢雙立之金莖。

金莖雙立，卽二莖並立也。

刻龍鳳者。

昭帝元鳳年間，臺被火災，相傳椽桷皆化爲龍鳳乘風雨而飛去云。此種傳說，卽暗示其椽桷雕刻龍鳳者。

曹魏明帝景初元年十二月（公元二三七），將長安之鍾簴、駱駝、銅人、與承露盤，徙於洛陽，盤卽於此時折毀云。

通天臺之外，又於長安造飛廉柱館，此乃置銅製之飛廉於館上者。獻帝建安十五年（公元二一〇），曹操建銅雀臺，十八年又作金虎臺，殆於屋上置銅雀金虎之鑄像者。銅雀臺之遺址，在今河南豐樂鎮東十五年華里，近頃仍由其舊址發見數種雕刻瓦磚。其中石獅，形狀如生，極其巧妙，爲天下之特品。本藏於日本東京大倉集古館，大正十二年火災燬損，洵可惜也。

（三）　陵墓

陵墓至漢代日益完美，儀飾之式，亦皆具備；雖不如秦始皇陵之魁偉，但歷代帝王之陵，概爲巨大，石闕、石獸、石人、石碑之類，並立陵前。亦有作享殿以爲祭祀之用者。

據水經注，酈食其廟，在河南偃師縣，其門前有兩石人對立。石人之西，有二石闕，元魏時雖已頹毀，高仍丈餘云。石闕爲石門之一種，乃立一對堅實之柱如門，而其中無屏者。石闕始於何時，不明；然後漢之遺物，已施以精巧之雕刻。阿房宮賦又謂表南山之巔爲闕，則周秦已有之矣。

顏師古謂陝西興平縣冠軍侯霍去病之墓，有石人馬。丹陽之大姑陵，有石麟二軀。弘農太守張德之墓在河南密縣溦水之陰，有二石闕，諸石獸，兩石人，數石柱，並三碑云。當時陵墓之制，亦可推知。

帝陵遺址之主要者，有左列數例：

一　惠帝之安陵　陝西三原縣

二　景帝之陽陵　同上

三　元帝之渭陵　陝西咸陽縣

四　宣帝之杜陵　陝西西安城南

此中最偉大者，爲元帝之渭陵。其平面爲長方形，立面成五層梯形。基地之幅員，長約七百九十日尺，廣約七百二十五日尺，約佔一萬六千餘坪之地。高約九十日尺，面積較埃及之大金字塔尤大。由此可見漢陵規模之大。陵之底面之大與高之比，各處不同。其高大約爲底面之五分之一至八分之一。第二十二圖爲惠帝景帝元帝各陵圖，乃關野貞博士所觀測者。

第二十二圖

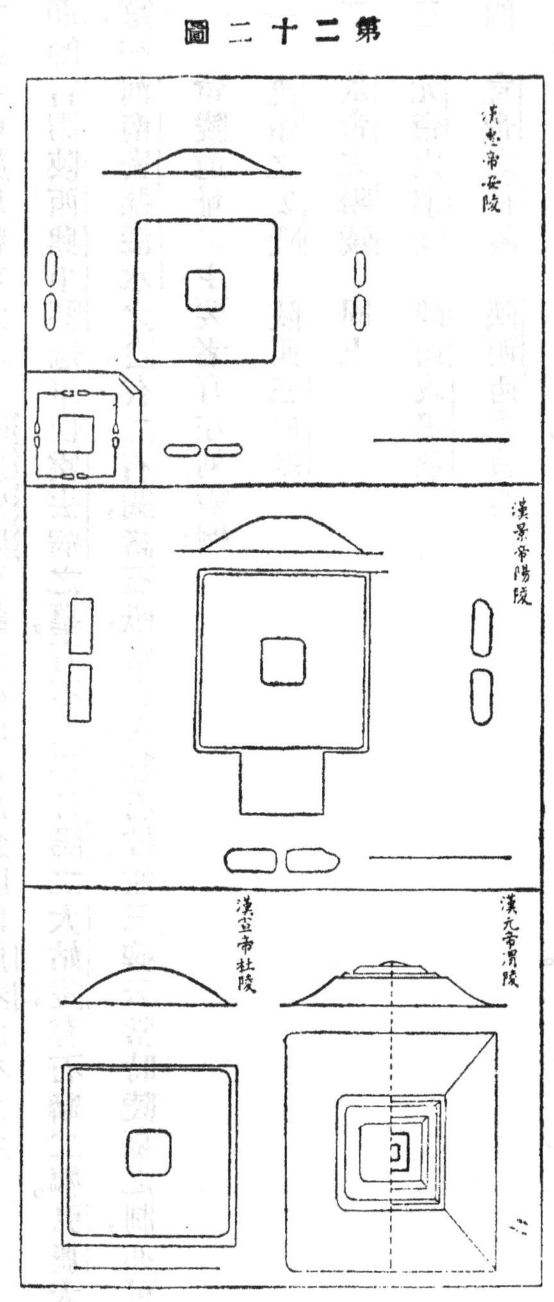

第二十三圖爲一九一四年至一九一七年法國 Victor Segalen, Gilbert de Voisins 及 Jean Lartigue 調查報告書中所收之前漢五帝一后之陵圖。帝陵而外，遺址中之最著名且重要者，爲山東嘉祥縣之武氏祠，及肥城縣孝堂山之墓。今稍加解說於下：

武氏祠在嘉祥縣東南三十里紫雲山西武翟山又名武宅山之北，乃武氏之墓也。武氏爲殷武丁之後裔，漢以來爲此地之名家，爵位相踵。其墓地之入口，有武始公綏宗，景興，開明等兄弟，爲其父武斑，使石工孟孚李丁卯以十五萬錢所作之石闕，及使雕刻家孫宗以四萬錢所作之獅子。石闕石獅，今仍存在。據西闕之刻文，可明瞭其由來，其建立年代，在後漢桓帝建和元年丁亥（公元一四七）。墓域內有數墳，各有享堂，此可據武梁石室，武氏前石室，武氏後石室之名而知之。乾隆五十四年重修之時，更由祠左，發見舊石，名爲武氏左右室。此等諸石，

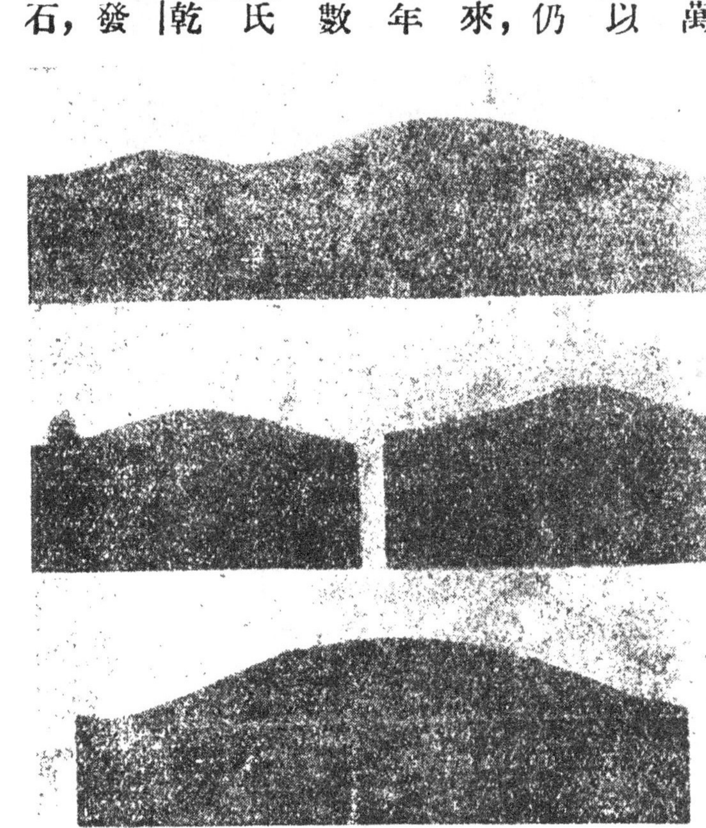

第二十三圖

（上）漢高祖陵　（中）右漢文帝陵 左漢呂后陵　（下）漢昭帝陵

（上）漢元帝陵 （下）漢成帝陵

於修理之際，聚集之收容於新造享堂之內而整理之。普通所稱爲「武梁祠」者乃綏宗之名。綏宗死於桓帝元嘉元年六月三日（公元一五一）。梁之享堂，當然爲其後所作，其遺址稱爲武梁祠，甚不適當；當呼爲武氏祠。或當如其先人所稱爲武家林祠。觀察此墓，其墳丘今已完全毀滅，不留痕跡。其

第二十四圖

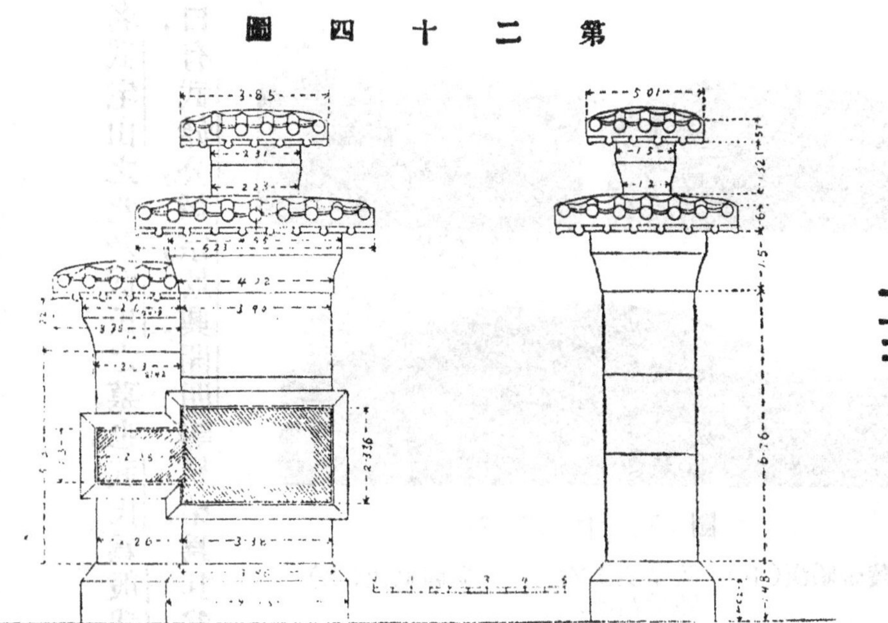

形式如何，亦不明。墳丘之前有享堂，墓域之入口有闕一對，闕前有石獅一對，只此爲事實。此外有如何儀飾亦不明。其石獅殆爲現今發見動物雕刻中之最古者，稍帶寫生意味，頗爲巧妙。闕如第二十四圖，主柱及副柱相聯合。主柱有二重屋頂。柱之一面浮雕有名之畫像。今對此浮雕，無暇詳說。要之皆太古以來聖賢傳記神話祭祀等，與享殿內之畫像石，異曲同工。享殿內之石又刻有他種建築物，此爲考查當時建築式樣手法之貴重材料，後段當加以說明。

孝堂山祠，在肥城縣西北六十里孝里舖，石室二間，滿面刻以畫像。但墳丘闕等遺址，已湮滅不明。高齊隴東王胡長仁嘗過此墓，聞故老云爲郭巨之墓，乃重修之，加建頌碑，此可由祠外之感孝頌而知之，然對此仍有懷疑者，郭巨爲前漢之人，相傳因孝養老母，欲埋其兒，遂得黃金一釜。此本爲小說式之傳記，若果爲郭巨之墓，則當屬於前漢。然後人之題刻中有二節如下：

平原濕陰邵善君以永建四年四月二十四日來過此堂叩頭謝賢明

泰山高令明永康元年七月二十一日敬來觀記之

永建四年爲後漢順帝時（公元一二九），永康元年爲桓帝時（公元一六七），祠堂當爲永建以前之物，但究爲何時之物，不無疑問。然由其雕刻之手法等觀之，與武氏祠相距當不甚遠，即視爲後漢遺物爲至當，或可溯至前漢，亦未可知。

武氏祠孝堂山祠以外，山東方面漢代墓祠之殘址仍不少，由山東濟寧城南八十里兩城山之遺址，發見十六石，錄於山左金石志，皆關於歷史風俗之雕刻。東京帝國大學工學部建築學教室所藏之墓石，乃由孝堂山下發見者，有大小六石，與前記諸石同型，石質爲硬良之石灰石。此外屬於同型而出處不明之墓石，仍常見之。

陵墓建立石人，亦見於史籍。今曲阜之矍相圃有石人，曲阜舊縣南八里爲魯諸王之墓域，恭王餘及其子孫葬於此，有大墓二十餘，石獸四，石人三。其內石人二，於乾隆五十九年移於今地。其一銘爲「府門之卒」，一刻爲「漢故樂安太守麃君亭長」，雖皆古拙而甚重厚，各高七尺許。

四川方面漢代之遺跡亦不少，據石索所載，新都縣北十二里官道之西，漢兗州刺史王稚子（名渙，字稚子）之墓前，有闕一對，今已不存。

法國三考古家報告書 Mission Aacheologique en Chine 1923 中，寶貴之材料甚多。就中

最有興味者，爲渠縣馮煥之墓。馮歿於公元一二一，即後漢安帝建光元年。第二十五圖爲其闕，科栱之制，甚爲發達。

第二十五圖　馮煥之墓

第二十六圖　綿州平陽之闕內面及後面

又綿州平陽墓闕（第二十六圖），有更複雜之科栱，其栱多爲曲式。簷下小壁之隅，皆浮雕蟠獸。柱上科栱之隅，亦加雕刻，其思想之進步，實足驚人。殆爲第二世紀初年之物。

與此異曲同工者，有雅安縣北二十里高頤之墓。今已考定爲公元二〇九年，卽後漢獻帝建安十四年之物。簷下小壁之畫像明明存在。其式樣與武氏祠及孝堂山之畫相似，而尤爲精練。枓栱殆與平陽之闕相同（第二十七圖）。

（四）　廟祠及道觀

中國之廟祠，第三章第二節已略述之矣。除祀祖先者外，尙有祀特殊人物或神仙者。祀祖先者，爲純然之祖廟。祀神仙者，初僅宗教化，後完全成爲一種宗教，卽道教也。秦始皇與漢武帝等熱心崇拜神仙，爲甚顯著之事實，故必有祠廟之建築。始皇封泰山，禪梁父，認泰山爲五岳之一；可知其時已有祀五岳之俗。五岳以河南之嵩山爲中岳，山東之泰山爲東岳，陝西之華山爲西岳，湖南之衡山爲南岳，河北山西界之恆山爲北岳。崇拜五岳之風，起自何時，雖不可知，蓋禹劃九州時，指定其四境及中央高山者也。

此種之廟，以安置神位之堂爲中心，入口建闕，且有石人石獸等，其體裁殆與陵墓相同。至於祀特殊人物之廟，亦異曲同工。

第二十七圖（一

四川雅安益州太守高頤墓石闕

第二十七圖（二）

四川雅安益州太守高頤墓闕

漢代之遺跡，現存於嵩山之西南麓者，有中岳廟。廟在河南登封縣東八里，廟前有石人二，石人之頂，刻有馬字，狀甚古拙，與下述之太室石闕，殆爲同時代之物；或更在其前，亦未可知。

太室石闕，在中岳廟南約百餘步。據銘文爲元初五年四月（公元一一八）陽城縣長呂常所造。其形式手法，完全與武氏祠石闕相同，表面浮雕人物與動物，此爲有銘之最古建築物。

登封縣北十里，崇福觀東二十步，有陽城縣開母廟之石闕，其式樣構造及表面雕刻等，殆全與前者同式。銘爲延光二年，與前者同爲後漢安帝時物，而僅後五年（公元一二三）。

登封縣西十里，邢家鋪西南三里，有嵩山中岳少室神道之闕，亦與前者同式，銘中缺年號，由銘文比較其樣式手法，亦爲延光二年所作。

關於祀神仙者，有建臺之記錄。漢書郊祀志王莽二年（公元九），與神仙之事，以方士之言起八風臺於宮中，其臺卽積普通之石而成之高臺，而於其上起一種建築者。八風臺之手法，雖不可知。但石索所載瓦當，有存當二字者，卽八風臺之瓦也。

道觀，卽道教之伽藍也。道教乃老子唱道之哲學而宗教化者，因欲與佛教競爭，故有特殊之廟字。道觀之發達，當認爲在晉以後。但民間祀種種之神之小祠，所謂淫祠者，殆自上古已有之。此蓋中國國民性質上必然之發達，其後遂與老莊教義，融合於後世之道教中。

據傳說，後漢順帝（公元一二五——一四四）時，張道陵自謂老君授以秘術，遂創天師道，殆自此始以老子爲教祖，而成宗教之體裁。後至桓帝，遂祀老子於宮中云。由是道教漸得勢力，終至與佛教頡頏。要之，漢末以前，凡祀神仙之廟祠，與所謂淫祠之不得要領之雜祠，已多數存在。但明稱爲道觀之體裁整齊之廟宇，尚未發達也。

（五）佛寺

中國佛教之傳入，在後漢明帝永平十年（公元六七）。此事明記於史籍，摘錄其大要於下：明帝永平七年（公元六四），夢見有金人由西方飛來，乃遣中郎蔡愔博士秦景王道等至西域求之。愔等至大月氏國，遇天竺沙門攝摩騰竺法蘭，迎至漢土。摩騰以白馬馱梵經，先發而至洛陽，事在永平十年。後竺法蘭亦來，遂在洛陽雍門之西起伽藍，名白馬寺，使二人居之，繙譯佛經，故白馬寺爲中國佛寺之嚆矢云。但亦有認此說爲後世揑造者。

據史籍，佛教當永平十年之前，已傳入中國矣。永年八年（公元六五），明帝以其弟楚王英崇浮屠之仁祠，返其所獻之物品，以助伊蒲塞桑門之饌。前漢哀帝元壽元年（公元二），有景憲者得大月氏王使伊存，授以浮屠經。武帝元狩年中（公元前一二二——一一七），伐匈奴，得金人，乃以香華禮拜之於甘泉宮。又秦始皇時（公元前二四六——二一〇）沙門室利防等十八人齎佛教來化，帝以其異俗而囚之。此等傳記之眞僞，原難斷定；但西域地方，已早行佛教，故謂佛教至遲自漢初傳入中國，決非無稽之談。

白馬寺以前，雖傳入佛教，但尚未有特殊之佛教建築。及白馬寺成，始有可稱佛寺伽藍者。

白馬寺在洛陽城西。雒陽伽藍記謂在西陽門外三里御道之南。現在洛陽縣治東郊國道之北。此因洛陽位置古今有變遷也。現時仍存一大伽藍之規模，但創立時之遺物，未曾發現。

白馬寺之建築式樣，未得何等考證。據日本工匠之傳說，白馬寺伽藍，乃模仿天竺祇園精舍者。日本四天王寺，又模仿白馬寺而營造者。但此全爲架空之構想，毫無根據。印度建築與中國建築，性質上根本不同，式樣上亦彼此大異。若白馬寺用印度式，則部分的或細部之手法，或佛像安置之設備及裝飾等，亦當用其式樣，此等事實，可由六朝遺物證明之。然而中國建築爲一種特殊之發達，成特殊之式樣，此爲中華民族所固有，而以優秀建築自誇者。至西域之佛教伽藍，則必認爲奇醜之低級建築，萬無模仿彼之伽藍之理。故與日本最初之佛寺建築，完全模仿大陸建築者，完全不同。想後漢始創建之佛寺之建築，即與今日中國各地普通佛寺相同，即與中國之宮殿官衙完全同工異曲也。只佛教之教義，勤行之法式，與佛像奉安之施設，內外之宗教的莊嚴等，爲中國國民所不知者，則模仿印度。蓋除用西域式外，別無他法也。此亦如羅馬初起基督教會堂時，即以羅馬式法廷之建築，轉用於會堂。又如日本當初起佛寺時，即以蘇我稻目之邸宅充寺院之用。中國最初之伽藍，決非佛刹伽藍之新式建築，實以舊式宮殿官衙，充佛寺之用者。

現在之問題，爲塔之建築。白馬寺創立時，曾否建塔，史籍無徵。假令曾經造塔，則非效法西域不可。蓋塔乃爲藏佛舍利而建者，其式樣特發於印度，中國古來無此種性質之建築，則不能以中國原有之何種之建築充之也。

中國最初之塔之形式，古書中亦不留其跡（譯者按：後漢書笮融傳），迨至六朝，始見於石窟

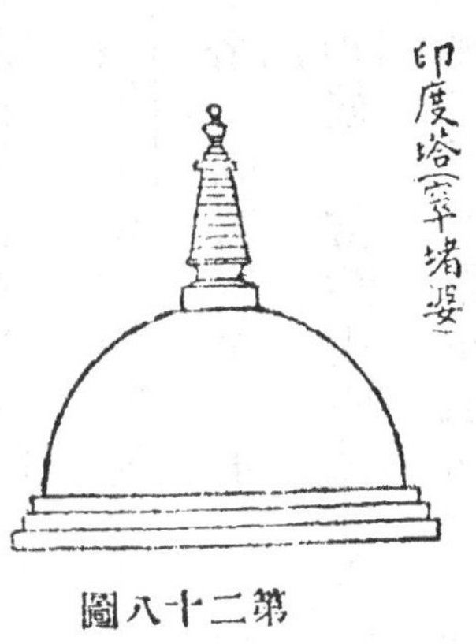

第二十八圖

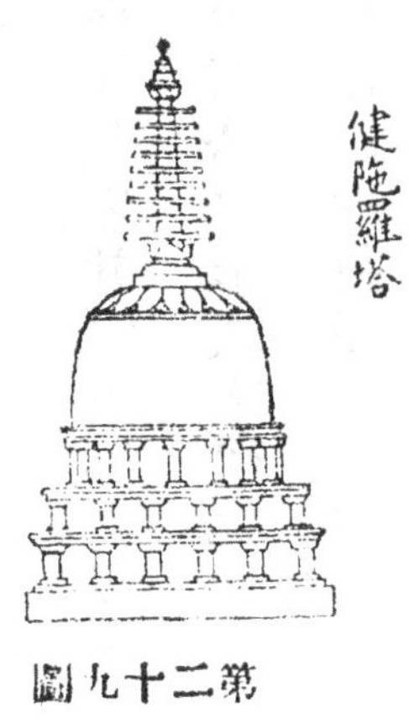

第二十九圖

中國塔

第三十圖

寺之雕刻。而其最初之形，卽爲三重四重五重之多層形塔身多作方形，間有多角者，卽與今日所見之塔，根本上無甚差異。此多層之中國塔，與印度乃至西域古代諸塔，甚異其趣；驟觀之，似無密接之關係；只塔頂之相輪，有彼此聯絡之觀耳。

是時發生一問題，中國最初之塔，假定與六朝初年遺物之塔同式，此塔式樣，果由印度之塔卽(Stupa窣堵婆)變化而成者乎？抑中國新創者乎？

中國之塔，可認爲確由窣堵婆變化者。中印度之窣堵婆（第二十八圖），傳至大月氏國卽健陀羅地方以後，已有變化。一方帶有泰西之手法，同時又略帶中國趣味（第二十九圖）。更觀東土耳其斯坦所發現窣堵婆殘址，則更近於中國趣味。由是觀之，窣堵婆愈至東方。愈有接近中國式之事實。結果乃由印度之窣堵婆，發達爲中國式之塔（第三十圖）。

中國塔之性質，明示多層之形。每層四周，必有屋頂。其簷之遠出者，則暗示爲木造；簷淺者則暗示爲磚造。且每層必有房屋，不僅爲外觀也。此種事實，至唐始有具體的證明。如是現象若單謂印度窣堵婆變化者，其說尚不充分，非別有其他何等暗示不可。

說明塔之形式之學說，卽樓閣起源說也。我輩曾爲此說之提案，因中國自周秦以來，樓閣已有相當發達之形跡，而爲二重三重之建築物。卽中國當新造塔時，一面受舊來樓閣建築之暗示，一面由窣堵婆求佛塔之作法，結果互相融和而成中國塔之樣式。

自白馬寺創建以來，漢與西域之交通愈益密接。桓帝建和元年（公元一四七），安息國僧安世高來洛陽，同帝永康元年（公元一六七），月氏國僧支婁迦讖來洛陽。此外多數佛教徒，由西域地方來華，彼等當然由西域地方傳入各種佛教藝術，對於佛寺建築，當亦與以多大影響。當時西域佛教藝術，必爲所謂希臘印度系。於是此新藝術，遂漸次普及於漢土。

自佛教傳入以來，以至三國末年，佛寺建築之記錄甚少；由散見於史籍者蒐集之，大要如左：靈帝建寧三年（公元一七〇），在豫章建立大安寺。獻帝初平四年（公元一九三），笮融建立佛寺於廣陵。同帝延康元年（公元二二〇），武昌建立昌樂寺。然其詳細，無由知之。三國時代，吳孫權黃龍元年（公元二一九），建立慧寶寺於武昌。嘉禾四年（公元二三五），建立瑞相院於金陵。赤烏元年（公元二三八）建立通玄寺於蘇州。同四年（公元二四一），建立保寧寺於金陵。同五年（公元二四二），建立德潤寺於四明。同十三年（公元二五〇），建立化城寺於揚州。是皆中國中部，揚子江以南之實例。至於北部，當亦必有許多佛寺，惟漢代不過發軔時代，至兩晉以後六朝之時，佛教乃漸隆盛，佛寺建築，亦漸發展。

（六） 碑碣及磚瓦

碑碣本不得爲獨立建築物，只可認爲建築之附屬品。其形式頗多興味，在建築研究上，亦爲重要之材料，茲簡單記述其大體於左：

碑之起源，究在何時，尚未能確實證明。惟周代之太廟，曾立碑於廟庭，爲繫犧牲之用。又墓穴之兩側，亦曾立碑，碑之上部，穿有圓穴，其中貫棒，棒上捲繩，以便吊棺而爲下棺之用，是爲碑之起源。

今日所存古碑中有較後漢更古者，亦未可知。其中最古之形式，下方有臺，名爲趺。其上立板狀之碑。碑之頭部成尖式，作兜巾形，名爲圭首。碑之上部，有小圓穴，名曰穿。第三十一圖爲山東濟寧文廟之漢碑，即其例也。此穿可即認爲繫犧牲之用，或下棺時穿棒之用。

第三十一圖

其後碑頭一變而爲半圓形，第三十二圖，乃與前圖同在一地之漢碑，即此種之好例也。其次則在半圓形之外輪，并行而刻垂虹形之覆輪。此覆輪名爲暈；暈有單層者，有複層者，有左右均齊者，有偏在一方者，其他仍有若干異例，茲不詳述。第三十三圖，爲山東曲阜文廟漢故博陵太守孔彪之碑，即此種之好例也。

碑之表面，普通刻陰文之銘，其上篆

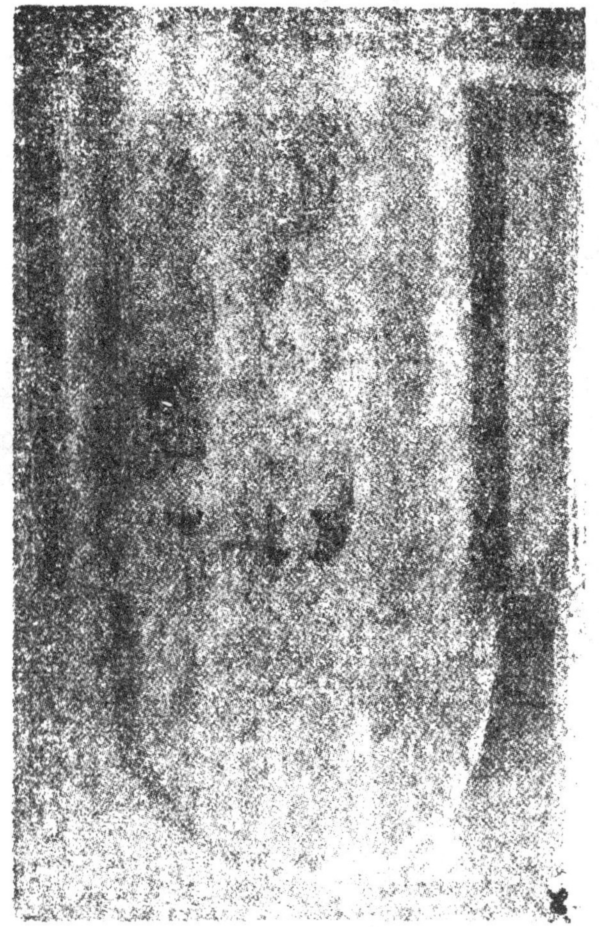

第三十二圖

刻題銘。後世碑陰及碑側，亦有刻銘者。

碑之形式，至六朝一變，至唐再變，乃告大成。其變遷之狀況，以下逐章順各時代說明之。

漢碑之例甚多，寰宇訪碑錄金石萃編及他種書籍，記載頗多，其實例亦漸有新發見者。今舉其

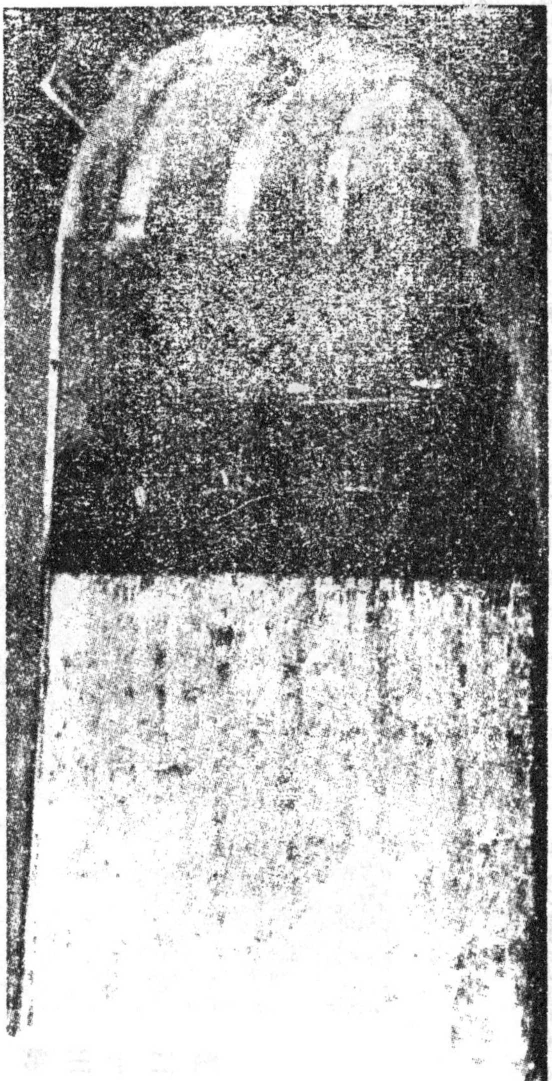

第三十三圖

山東曲阜漢博陵太守孔彪碑

顯著之例，則有山東濟寧之益州太守北海相景君碑（漢安二年，公元一四三），同處漢故郎中鄭固之碑（延熹元年，公元一五八），同處漢故執金吾丞武榮之碑（建寧元年，公元一六八），碑上皆有圭首。山東曲阜之故博陵太守孔彪碑（建寧四年，公元一七一）有正暈。山東曲阜之泰山都尉孔宙之碑（延熹七年，公元一六四）有三條偏暈。其他異例，碑面有加雕刻者，如白石神君碑（光和六年，公元一八三三）是也。此外碑之表面有刻青龍白虎朱雀玄武四神者，有只刻朱雀玄武者。又有頭部之暈，漸改爲龍者，四川省高頤之碑（第三十四圖）卽其一例也，

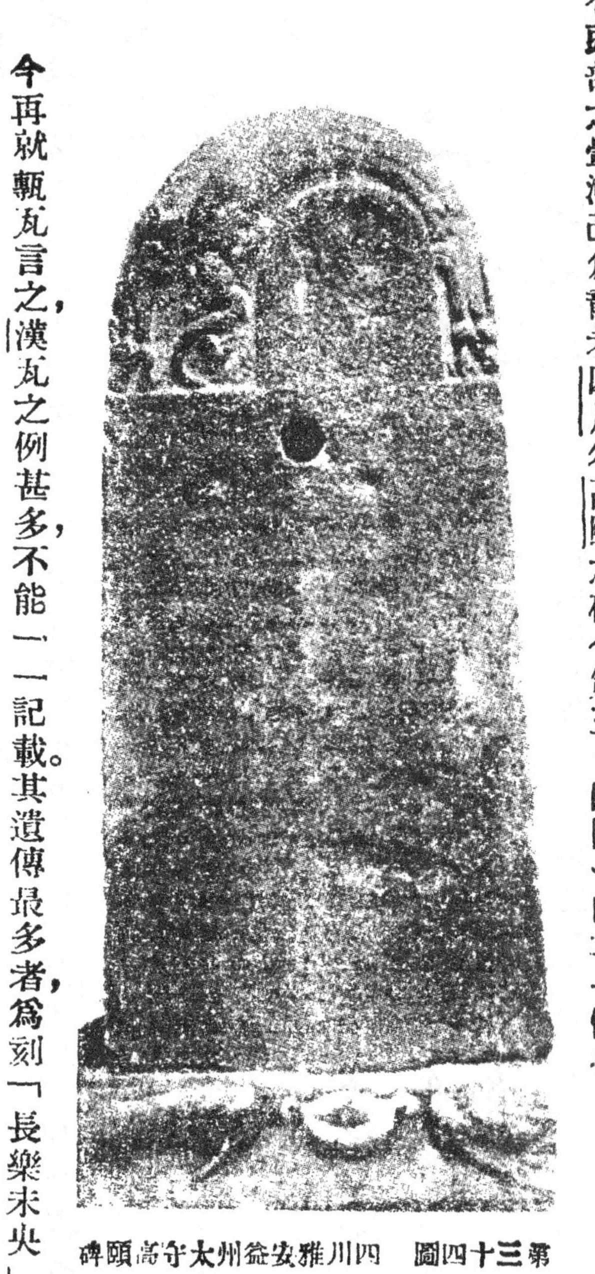

第三十四圖　四川雅安益州太守高頤碑

今再就甎瓦言之，漢瓦之例甚多，不能一一記載。其遺傳最多者，爲刻「長樂未央」，「長樂萬歲」，「長生無極」，「千秋萬歲」，「長生未央」，「延壽萬歲」，「永奉無疆」，「億年無疆」，「延年益壽」，「宜富當貴」，等字之瓦當。此外有刻「萬歲」，「上林」，「延年」，「甘林」等二字之

瓦當，與其他種特殊建築物之名之文字。總之上古中國風習，文字極見尊重，故瓦當亦刻普通之文字。至後世所用之動物與花草等，則罕見焉。惟第三十五圖，似爲漢白鹿觀之瓦，瓦上刻鹿二，實當時稀有之物也。石索解之如左：

三輔黃圖上林苑中二十一觀，有白鹿觀，疑卽此觀之瓦也。「鹿甲天下」（銘文），所以表瑞。

第三十五圖

甎在近世亦有發見者，有銘者亦不少。石索所載最古之有銘者爲竟寧元年（紀元前三三）。甎形有若干種類，文樣亦有種種不同，難以一一記述。其最有興味者，爲日本盛岡太田孝太郎氏所藏四神之甎（第三十六圖）。石索所載之第三十七圖，亦與此異曲同工。又有作幾何學的花紋者亦不少。武氏石室畫像中有樓閣之圖，圖中屋頂上所見之甎，與此無異（第四十四圖）。下節當再說明之。

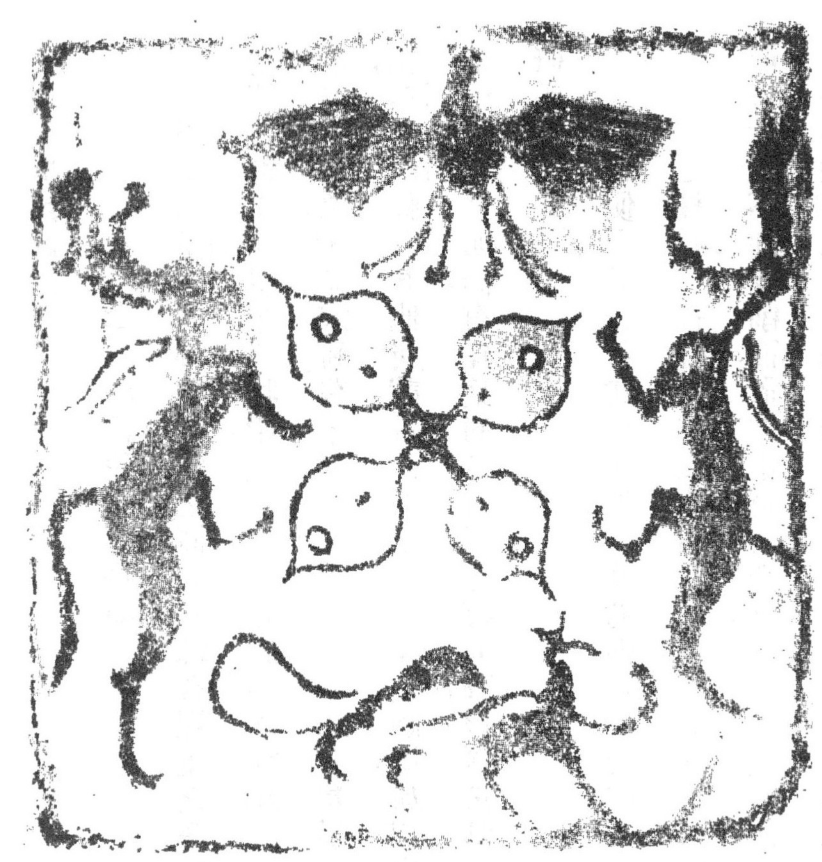

第三十六圖

第三十七圖

（七）漢代建築之細部

以上爲漢代各種建築物之概略，茲綜合以上之事實，考察當代建築細部手法。現今遺物中，能徹底明瞭細部之詳細者原不易得，故欲得其正鵠，本甚困難。茲半就石闕中所存一部考其手法，半就武氏祠，孝堂山祠，及其他所謂畫像石中所見建築圖樣，加以參考。更就墳墓中發見之明器，有建築的性質者，比較考查，以探求當代建築之大概手法。

茲爲便宜計，先就建築之各部分考察之，然後綜合而下判斷。

（一）柱礎　柱礎見於石索者有二類：（第三十八圖）其一，乃取自然石不加斧削而置之，惟爲巧合計，只將柱之底部加以細工者；此法似適用於比較的高級之建築。其二，將礎石上面磨爲水平，又將柱之底部切作水平者，此法似適用於低級之建築。但未見有刻出刳

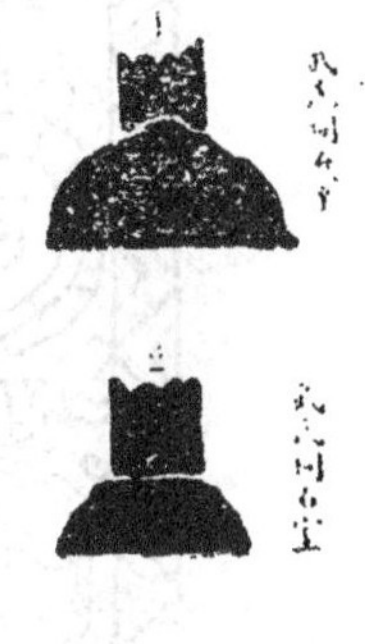

第三十八圖

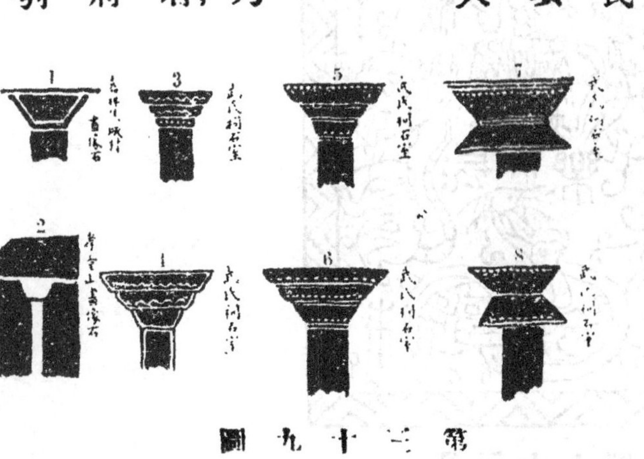

第三十九圖

形之礎。刳形之礎，中國自六朝時始用之，日本則始於奈良時代。

（二）柱　柱多爲圓柱，唯見於石索之第三十九圖之（4）者爲角柱，想角柱亦同時存在也。唯大建築之柱，常爲圓柱。今日行於中國全土者，皆圓柱也。柱皆上下同大，其外輪廓，爲幷行之垂直線。

（三）科栱　中國之科栱，自周代已發達，至漢代而益盛，有多種多樣之變化，已如前述。第三十九圖中各式，見於石索。此外第四十三四十四圖，亦爲特殊之例。石索所載武氏祠，孝堂山，焦城村等石刻之圖樣，已極隨方便而程式化。僅據是以推測當時科栱之手法，甚感困難。幸四川有石闕之遺例（第四十圖），與之對比，則有略能解釋之點。第三十九圖之（1）（2），柱上似載一大斗之形。其（3）、（4）、（5）、（6）、皆於大科之上，又作二重之栱，其表面裝飾之手法亦稍異。（7）（8）之輪廓，與前者不同而作鼓形，下部成突出之栱，上部爲普通之栱，第四十三圖，乃示科栱之組織者。第四十四圖與第三十九圖之（3）至（6）同工，而更加以裝飾。

四川諸實例，能具體的表示漢代建築之性質，實貫重之材料也。日本京都帝國大學濱田文學博士於內藤博士還曆祝賀支那學論叢中，有法隆寺建築樣式與中國漢六朝建築式樣考一篇，其

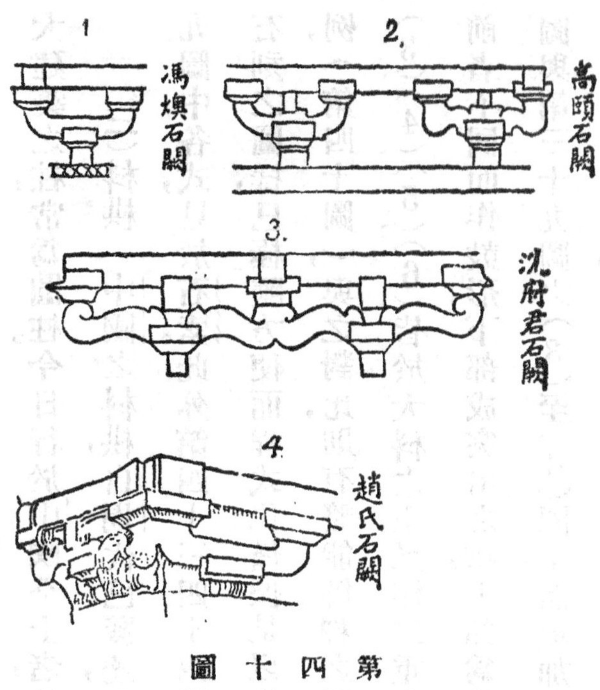

第四十圖

第五章題爲『自漢代至六朝唐代枓栱變化之過程』，曾記述四川遺物，第四十圖卽其中之插圖也。（1）爲稀見之二枓，其栱上似有繪紋。（2）之左方，亦爲二斗，而栱甚彎曲，亦見有繪紋。右方亦爲二斗，其栱彎作S字形，而描以強健之曲線。（3）爲連續之二斗，其栱成弛緩之S字形，其末端捲作渦形。此等手法，與日本法隆寺雲肘木之手法必有關係。濱田博士論文中，謂歐摩佛普羅斯（Eumorphopulos）所藏明器（望樓）之枓栱，殆完全與法隆寺之雲枓雲栱同形，此可特記者也。（4）於隅角有一種奇拔之手法，卽連結右圖中（1）（2）之手法而成者。此外仍有若干有興味之例，惟未見實物，終不免隔靴搔痒之憾。要之漢代枓栱發達之程度，吾人亦可由此想像得之矣。今後尙望有其他新發見，以闡明漢代建築之眞相。

（四）周簷　周簷是在闕之上，有簷及扇形之垂木，當圓桁下小壁部分加以雕刻。其雕刻有作靈獸者。有作人像者，此種雕刻亦見於闕柱直上科栱之間。柱面亦有刻四神者。簷有相當之深，略帶舉折。但畫像石中之屋簷，則絕對無舉折。又副葬品明器中之房屋模型，亦無捲簷之式。要之漢代宮殿與民家皆無捲簷，卽令稍捲，亦不惹人注意。

（五）屋頂　屋頂之形，在遺物畫刻上，總皆有四阿之形。其低級者但見「硬山頂」。「歇山」頂則未得見，但亦可想見其有存在之可能也，

屋頂之輪廓，殆皆成直線，雖有若干彎曲，亦甚輕微。

屋頂材料，當然爲瓦及甎。用瓦者男瓦爲甋女瓦爲瓪，簷端之瓦頭，有巴瓦（卽蹠瓦）與華瓦（卽鐙瓦）；上下交互用之。其甎瓦混用者，如第四十二圖之(7)(8)第四十四圖至第四十三圖，則全部以甎葺之，其屋脊似積種種之瓦而成。其兩端加蚩吻，試觀第四十二圖之(8)(9)，及第四十四圖自知。蚩吻爲龍之九子之一，相傳其性好水，故置於屋上以禁壓火災云。相傳漢武帝築柏梁臺時始用之，但不可信，恐自周代已用作一種屋脊之飾矣。石索所載之蚩吻，不見有作動物之形者，

但實不能據以考定當時之實物。又屋頂傾斜概緩，多描作四寸至五寸之傾斜，間有至七寸五分者。此雖不足表明當時實際狀況，然明器中房屋之模型，普通亦只四五寸之傾斜，可知當時建築物之屋頂，大概如是也。

屋脊飾以動物之形者，見於第四十三第四十四兩圖，蓋皆靈鳥靈獸，但究為肖何物者，則不能確知。

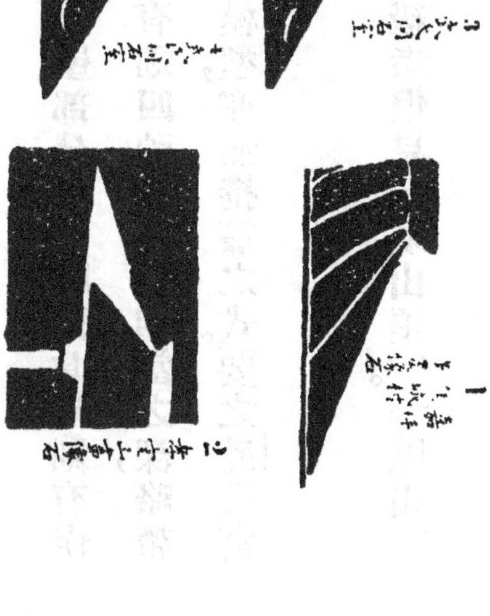

第四十一圖

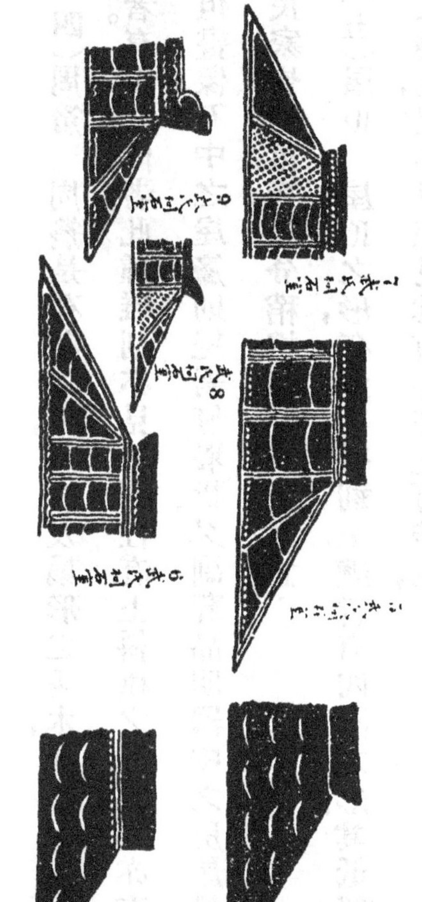

第四十二圖

第四十三圖

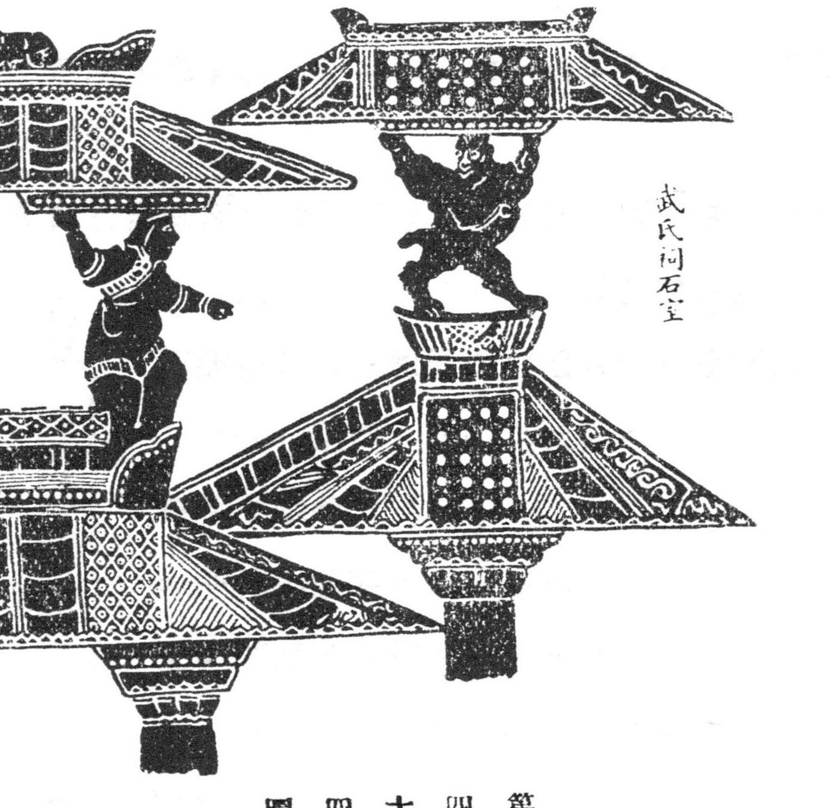

第四十四圖

（六）人柱　用男女人像以代柱之手法，風行於西亞；其最精之例，則見於希臘。然武氏祠石室之畫像中亦有之，實足使人感興味。第四十四圖之左方，乃女人以頭及手右方則怪人以兩手各支屋頂。左右成爲一對。另有一怪人，則倒立而以足支屋頂，亦奇極矣。

（七）欄杆　欄杆見於第四十三，四十四，四十五三圖。第四十三圖，過於簡單，不得要領。第四十四圖有裝飾甚美之欄；第四十五圖，爲普通之式。

第四十五圖

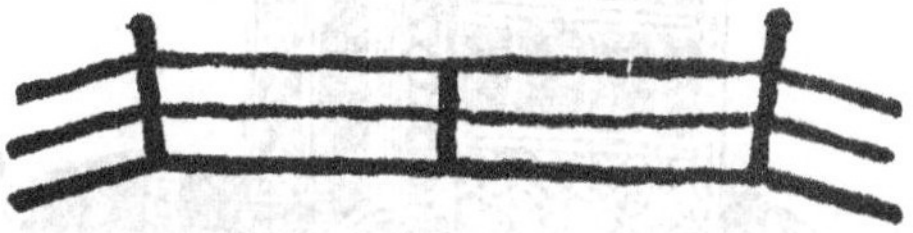

以上只略述其大概，至微細之點，則從省略。要之此細部之手法，比較的最能明示者，於實物則有四川省之漢闕，於畫刻則有武氏祠石室（第四十四圖）。石索對石室之畫像，有左列之解說：

此通三四層爲一事，在第三石之末，雖無標題，肰在前二段秦事之後，其樓閣工麗，人物精嚴，疑當日阿房宮之制，所謂五步一樓十步一閣者，否亦君侯宅第也。畫樓重檐，上綴鳥獸，屋瓦鱗次，鏤柱，樓有四阿，左右有罘罳，各琱刻石人，相承爲柱，兩柱左右，央輔相望，閣道相屬。……

此解說之當否，姑置不論。此雖非秦阿房宮之五步一樓十步一閣，但亦確爲秦漢時代最善最美之理想的建築之表現。由此觀之，前項宮室之部所引宮殿壯麗華美之敍述，必非架空之妄言。

八） 裝飾花紋

漢代之裝飾花紋，較諸周代已有顯著之進步。周代花紋古勁而遲重，雖能表示異常之威力，但有缺流暢淸秀之處。漢代乃去周代之遲重，而進於暢達，仍不失爲古勁。其雄健之氣，實有足令人驚嘆者。

漢代之花紋，在金石及其他工藝品中，頗多實例。金屬如鏡之類，石器如玉器類、畫像石瓦甎等。工藝品，近頃由朝鮮平壤南郊漢樂浪郡故址之墳墓中，發見各種用品，頗能推知當時美術工藝進步之狀態。此等物之說明，別爲一問題，茲從省略。

適用於建築之花紋，種類甚多，不能詳悉。今日所存者，多爲甎瓦之紋；前項已略書之，茲不復贅。至於室內所施之色彩花紋，尚無遺物可徵。

茲將周漢花紋性質比較觀之。周代花紋中屬於動物者有數種，皆離寫實甚遠，其實體爲何物，苦不能知。及至漢代，則顯近於寫實。例如鏡與墓石等所用之四神等，簡而得要，有飄飄之丰韻。龍之花紋，在周代遺物中，終不能見，至漢代始有似此獸類之花紋。周代無藤蔓等植物花紋，漢代花紋始有用藤蔓者。周代之幾何文，雖有雷文雲文等多種，然皆帶堅強凝結之氣，及入漢代，乃溶化而生柔味，一條一線，始能活躍，建築之全體，亦同此行程，較周代着着豐麗矣。

第三章 後期

第一節 三國至隋 公元二二一——六一八

（一）總論

漢至獻帝建安二十五年，被魏簒奪。翌年，蜀漢劉備，繼漢祀而稱帝（公元二二一）。吳之孫權，亦在江東稱帝，遂成三國鼎立之勢。魏先被晉所奪，蜀吳亦相踵被晉滅，天下乃呈一統之觀。西北蠻族，乘中國動搖之際，漸出入於黃河流域，終乃亡晉，晉之同族建都於建康，號爲東晉。揚子江以北之地，乃爲蠻族爭奪之場。蠻族各自立國，僭稱帝王，互相攻伐者凡百四十年。所謂五胡十六國之亂，擾亂紛紜，不可收拾。東晉之後，有宋齊梁陳四朝，是時又稱六朝。各蠻族等後被同族之魏（即後魏或稱元魏）所併。魏又分東西二國，東魏傳於北齊，西魏傳於北周，是等諸朝，總稱北朝，而江南漢族之歷朝，名爲南朝。南北朝由隋統一，未幾隋被唐滅，時公元六一八年也。

自漢亡（公元二二一）至晉之建國（公元二六五），凡四十四年，是爲三國時代，實附屬於漢之方面，本篇前章雖亦於漢代之部，言及三國時之佛寺；但今爲便宜計，則將自漢之滅亡至隋之滅亡歸併於後期。

自漢之滅亡至唐之勃興，約四百年。其歷史之複雜錯綜，實空前而絕後。考究其間關於建築之事跡，而欲明瞭其地方與其時代之關係，頗爲困難。茲爲減輕此困難計，豫揭五胡十六國時代與南北朝時代王朝之略表如左：

	國名	民族	始祖	國都	年代（公曆）
五胡	前趙（漢）	匈奴	劉淵	平陽、長安	三〇四——三二九
	後趙	羯	石勒	襄國、鄴	三一八——三五一
	成（漢）	氐	李雄	成都	三〇四——三四七
	前涼	漢	張軌	姑臧（甘肅）涼州	三〇二——三七六
	前燕	鮮卑	慕容皝	薊、鄴	三三七——三七〇

十六國				
前秦	氐	苻洪	長安	三五一——三九四
後涼	同上	呂光	姑臧	三八六——四〇三
後燕	鮮卑	慕容垂	中山、龍城（熱河）	三八三——四〇八
南燕	同上	慕容德	廣固（山東青州）	三九八——四一〇
南涼	同上	禿髮烏孤	西平（甘肅西寧）	三九七——四一四
後秦	羌	姚萇	長安	三八四——四一七
西涼	漢	李暠	敦煌	四〇〇——四二一
西秦	鮮卑	乞伏國仁	苑川（甘肅）	三八五——四三一
夏	匈奴	赫連勃勃	統萬（陝西榆林）	四〇七——四三一
北燕	漢	馮拔	龍城	四〇九——四三五
北涼	匈奴	沮渠蒙遜	張掖姑臧	四〇二——四三九

此外仍有西燕與北魏，但西燕僅十一年，期間太短。北魏則後來立北朝，故普通皆除外。

北				
魏	鮮卑	拓拔珪	平城洛陽	三八六——五三四
東魏	同上	孝靜帝	鄴	五三四——五四九

朝	西魏	同上	文帝	長安	五三五——五五六
	北齊	渤海	高洋	鄴	五五〇——五七七
	北周	鮮卑	宇文覺	長安	五五七——五八一
南朝	西晉	漢	司馬炎	洛陽	二六五——三一六
	東晉	同上	瑯琊王睿	建康	三一七——四二〇
	宋	同上	劉裕	同上	四二〇——四七八
	齊	同上	蕭道成	同上	四七九——五〇一
	梁	同上	蕭衍	同上	五〇二——五五六
	陳	同上	陳霸先	同上	五五七——五八八
	隋	同上	楊堅	長安洛陽	五八九——六一九

常時雖非常混亂，然文運之隆盛，亦實堪屬目。但文化之性質與周漢大異。其主要者，為西域文化，乘五胡十六國之亂，流入中國。尤以佛教為盛，而普遍流布印度系之佛教藝術，非常發展。但已往之文化，並不因此而覆滅；實以周漢文化為基礎，與新來之印度西域等文化相融合。故當時之建築

界，彙集多方面之式樣手法，而成嶄新之形式。其實例之存於今日者，殆全屬於佛教建築，然其他建築，如宮室陵墓道觀等亦尚多重要者，以下依次敘述之。

（二）宮室

五胡十六國之國都，與南北朝之國都，其規模與設備，予尚未知其詳。今試就北方之長安與洛陽兩都城之沿革研究之。此與六朝之制，不甚相遠，可具體的闡明之。魏之古都，在今山西大同城之南郊，其城郭之殘址，今仍存在，當易考證。關於新都洛陽之宮城，洛陽伽藍記中，雖記述其一端，但全體之詳細規模，則難知矣。至於極短期間羣小國之都城，恐今日已全歸廢滅，欲明示之，非常困難。

南朝之國都，雖歷朝皆在建康（即今南京），但各朝都城之位置，亦略有移動，其規模亦互有異同。相傳今之南京城，乃包括各期之都城者。果爾，則歷朝都城之規模多不宏大矣。今對此亦擬稍加研究。南京城內，關於故都之傳說，若加以考查，或能解決至某程度，但恨無聞之之機會，亦未得調查之便宜。

都城內王宮之規模與建築物，亦未曾考查，只關於隋之東都洛陽及宮殿，由大業雜記得知其詳。大業雜記係宋劉義慶所記，其確實程度如何，亦不能知，茲只簡單介紹其內容之一部，以示當時城郭宮殿之制之一例耳。

據大業雜記「東都大城周迴七十三里，一百五十步，西拒王城，東越瀍澗，南跨洛川，北踰谷水，城東西五里二百步，南北七里，城南東西各兩重，北三重，南臨洛水，開大道，對端門街，一名天津街，闊一百步，道傍植櫻桃石榴。」云云。以下對於宮城殿門樓閣等之配置，記述極詳，由是以製作大體圖案，不感困難。予曾着手於此，惜尚未達完成之域耳。

宮城中心最壯大者爲乾陽殿，基高九尺，由地至頂高一百七十尺，凡十三間二十九架，三陛，較現今中國第一大建築北京紫禁城之太和殿，規模尤爲宏大。殿之東西有東上閤，西上閤，南有乾陽門，殿北有大業門。其北有大業殿，雖較乾陽殿略小，而雕綺過之，殆爲宮城第一之美建築。乾陽殿東之一郭，有文成殿，以東華門爲其南門。其西一郭有武安殿，以西華門爲其南門。乾陽門之南有永泰門。又其南有則天門，門外東西有朝集堂，更遠之南方有端門，即宮城之正門。端門之南有黃道渠，上架黃道橋三列，其南爲洛水，上架天津浮橋，橋長百三十步。其南北聳立四座重樓，高百餘尺。橋南有重津橋，橋外百步有大堤，堤南爲天津街，街之盡頭有羅城門，卽都城之正門。門南二里有甘泉渠，此渠乃疏洛水而導入伊水者。渠上架通仙橋，橋之南北有華表，長四丈，高各百餘尺云。自此以南，一路至龍門。自端門至龍門凡二十里。

以上雖僅爲貫通都城南北中軸之橋梁殿門之記載，但都城之如何雄大，亦可想而知。蓋較秦漢之宮城，亦無遜色。所惜者關於此等建築式樣手法裝飾等，不能得一好資料以窺其具體之狀況耳。

隋之江都，卽今江蘇之揚州也。煬帝連絡黃河與揚子江而開鑿運河，工程完成之際，在揚子江北岸近處，臨運河而造此都。今仍令人回想此古都之狀態。大業雜記亦有簡單記載。此外同書又有許多地方都城與宮室之記事，然欲徹底闡明之，亦非易事。要之隋代統一南北朝而復活大帝國，加以煬帝之驕慢，素有好土木之癖，在建築上遺多大之功績，亦當然也。其建築之式樣手法，必爲中國所固有者，卽令加入若干西方及印度之趣味，其程度當亦甚輕微矣。

（三） 佛寺

(a)總說

中國佛教，自後漢明帝時傳入，其大發展則自六朝始。然三國魏時，月支國支讖支亮支謙等僧，已來宣傳佛教，大受世人之尊崇。及至西晉，五胡侵入中國，西域佛徒，亦乘勢陸續來華，終至瀰漫於南方，使中國有成爲佛教國之觀。其時著名高僧，有月支國之竺法護，及西天竺之佛圖澄，佛圖澄門下有道安，極受秦苻堅之尊崇，爲中國北部佛教之開拓者。

東晉時，道安門下之慧遠，開廬山作南方佛教之根據。同時龜茲國之鳩摩羅什，隨秦將呂光入後涼，後秦姚興迎入長安，其盡力於佛教之功績，甚爲偉大。由中國赴印度之求法僧亦甚多，就中最著者爲法顯三藏，著有佛國記，爲極貴重之史料。

及入南北朝，中國與西域之交通益繁，彼此往來如織，不遑迎送。來者或遠自波斯安息，或由嚈噠罽賓五天竺獅子國，或由扶南林邑等處，當時之佛教國，殆無不與中國交通者。故一切佛教國之文化，在某程度以內，已普及於中國。蕃僧中之最有名者，有罽賓之求那跋摩，南天竺之菩提達磨。中國之求法僧則有智猛曇纂等一行，曇無竭之一行，慧生宋雲等一行等，皆甚顯著。

因有此等事態，故佛寺建築之興隆，實堪驚異。北方以洛陽與長安為中心，南方以金陵（即建康）與廬山為中心。其他尚有無數小中心，分布於全土。洛陽佛寺尤盛，試一翻洛陽伽藍記，則宛然在目。至金陵之偉觀，觀金陵梵刹志亦可想像。其後雖有所謂三武一宗之厄，一時佛教大受迫害，佛寺亦廢毀，然由大勢觀之，亦無甚大問題也。

予曾由佛教大年表（望月信亨師著）蒐錄當時佛教及佛寺之顯著事項，今揭載之於下。但大年表所載之記事，亦有若干疑點及遺漏者，予欲調查補充之，但只能待諸異日。今只按大年表所載蒐錄之，便宜上分為三項：(1)由西域入中國者，(2)由中國西渡者，(3)佛寺年表。予輩欲知六朝時代佛寺之建築而解釋其式樣手法，此其好資料也。

（1）由西域渡中國（自吳初至隋末）

年代	國名	人名	事蹟
二二四	印度	維祇難	與竺律炎同至武昌
二四七	印度	康僧會	至建業

二五〇	中印度	曇柯迦羅	至洛陽
二五二	中印度	康僧鎧	至洛陽
二五四	安息	僧曇諦	至洛陽
二五六	西域	支彊梁接	在交州譯經
二五九	西域	白延	至洛陽
二六五	敦煌	竺法護	至長安
二六八	?	竺法崇	在湘州麓山建寺
二八六	于闐	祇多羅	至長安
二八八	?	訶羅竭	入洛陽
二八九	安息	安法欽	至洛陽
二九一	于闐	無羅叉	在陳留譯經
三一〇	西域	佛圖澄	至洛陽
三一二	西域	帛尸黎密多羅	至建康
三一二	西域	智山	至建康

三二六	天竺	竺慧理	至錢唐建靈隱寺
三四三	?	竺法慧	入襄陽羊叔子寺
三七三	月支	支施崙	在涼州譯經
三八三	罽賓	僧伽跋澄	至長安
三八五	龜茲	鳩摩羅什	從秦將呂光至涼州
三九二	西域	伽留陀迦	入晉
三九七	?	僧伽提婆	入建康
四〇一	龜茲	鳩摩羅什	至長安
四〇一	罽賓	曇摩耶舍	至廣州住白沙寺
四〇一	罽賓	弗若多羅	至長安譯經
四〇五	?	曇摩流支	至長安
四〇六	錫蘭		獻白玉佛塔於晉
四〇六	罽賓	卑摩羅叉	至長安
四〇八	迦毘羅衛	佛馱跋陀羅	至長安

四一二	中印度	曇無識	至姑臧
四二一	林邑國	范陽邁王	貢於宋
四二四	罽賓	曇摩密多	入蜀尋至建康
四二四	西域	畺良耶舍	至建康
四二八	迦毘利	月愛王	遣使獻金剛指環摩勒金環及赤白鸚鵡各一頭於宋
四二八	錫蘭	摩訶那摩王	寫小乘經獻於宋
四二九	錫蘭		尼等到建康
四三一	罽賓	求那跋摩	至建康
四三三	印度	僧伽跋摩	至建康
四三三	錫蘭	尼鐵薩羅	至建康
四三四	扶南	持黎跋摩王	遣使貢於宋
四三五	中印度	求那跋陀羅	至廣州
四三五	錫蘭		王遣使貢於宋
四四一	蘇摩黎	那隣那羅跋摩王	遣使貢於宋

四五五	斤陀利	釋婆羅那鄰陀王	遣長史竺留陀及多貢於宋
四五五	師子國	僧邪奢遣多浮陀難提	至洛陽
四六二	西域	功德直	至荆州入禪房寺
四六五	疏勒		遣使獻佛袈裟於魏
四六六	印度	迦毘梨國王	遣竺扶大竺阿珍等貢於宋
四七三	婆黎		遣使貢於宋
四七九	中印度	求那毘地	至建康
五〇二	印度	屈多王	遣竺羅獻瑠璃唾壺等於梁
五〇二	干陀利		遣使獻畫工及玉盤於梁
五〇三	南天竺		遣使獻辟支佛牙於魏
五〇三	扶南國	曼陀羅仙	至楊都獻珊瑚佛像
五〇六	扶南國	僧伽婆羅	在揚州譯經
五〇八	中印度	勒那摩提	至洛陽
五〇八	北印度	菩提留支	至洛陽

五一〇	于闐		國王遣使貢於梁
五一九	扶南		國王獻佛教佛像等於梁
五二〇	印度	菩提達磨	至廣州
五二一	龜茲	尼瑞摩珠那勝王	遣使貢於梁
五三〇	丹丹國		獻象牙及塔於梁
五三〇	波斯		獻佛牙於梁
五三四	盤盤菩提國		遣使獻眞舍利畫塔等於梁
五四一	于闐		遣使獻刻玉佛像於梁
五四六	嚈噠		遣使入貢於魏
五四六	葛盤陀	葛沙王	遣使入貢於梁
五五六	烏長國	那連提黎耶舍	至鄴都
五五八	波頭摩摩伽陀	攘那跋陀羅闍那耶舍	在長安譯經
五五九	嚈噠		遣使入貢於周
五六〇	犍陀羅	闍那崛多	至長安

年代	目的地	人名	事蹟
五六一	龜茲		遣使入貢於周
五六五	優禪尼	月婆首那	至匡嶺
五六七	安息		遣使入貢於周
五九〇	南印度羅囉國	達摩及多	至長安
六〇九	安息		國王遣使貢於隋
六一七	龜茲	白蘇尼咥王	遣使貢於隋
六一七	漕國	順達王	遣使貢於隋

（2）由中國西渡（自魏至北齊）

年代	月的地	人名	事蹟
二六〇	于闐	朱子行（魏）	求梵本
三四二	月支	僧建（晉僧）	得僧祇尼羯磨及戒本
三七九	拘夷	僧純（晉僧）	就佛圖舌彌受比丘尼大戒等
三八二	龜茲及焉耆等	呂光（秦將）	率車師王等西征

三八五			呂光平定西域携鳩摩羅什歸涼州
三九二	西域	支法領	
三九五	印度	曇猛(後燕)	至王舍城
三九七	南印度	慧叡(晉僧)	自蜀之西界入
三九七	西域	寶雲智嚴等(晉僧)	
三九九	印度	法顯(晉僧)	與慧景道整慧應慧嵬等向天竺
四〇四	印度	智猛曇纂等(後秦)	一行十五人向印度
四一三			法顯歸青州
四二〇	印度	曇無竭(宋僧)	僧猛曇朗志定等二十五人經河南國至高昌國出北道入印度
四二二			智猛等發自印度歸涼州
四二四	闍婆		宋帝遣使迎求那跋摩
四二七	西域	道泰(北涼)	是年歸涼
四二七	于闐	安陽侯京聲(北涼)	到衢摩帝寺
四五一	印度	道樂(魏僧)	經疏勒道入印度

(3)佛寺年表（自吳初至隋末）

四五三			曇無竭由印度還揚州
四七五	于闐	法獻(宋)	發自金陵經芮芮國到于闐
四七七			法獻欲度葱嶺不果歸齊
五〇二	印度	郝騫(梁)	發自建康
五一一			郝騫等歸揚都
五一八	印度	慧生宋雲(魏)	發自洛陽
五二一			宋雲慧生歸洛陽
五三九	扶南	雲寶	奉梁命迎佛髮
五四〇	扶南		贈梁釋迦佛像及經疏
五四一	宕昌蠕蠕		贈梁帝涅槃經疏
五六〇	西域	道判(北齊)	一行二十一人起程
五七六	西域	寶暹(北齊)	寶暹道邃智周僧威法寶智照僧律等十一人出發

武昌	建慧寶寺	二二九
金陵	建瑞相院	二三五
蘇州	建通玄寺	二三八
金陵	建保寧寺	二四一
四明	建德潤寺	二四三
建業	建建初寺	二四七
揚州	建化城寺	二五〇
明州鄮縣	建阿育王塔	二八一
金陵	建甘露寺	三一二
蘇州	通玄寺迎維衛迦葉二石像	三一三
長沙	建蓮華寺	三一四
建康	建禪林寺	三一六
建康	建白馬寺	三一九
于闐國	建王新寺	三二一

武昌	寒溪寺迎廣州海上所得之文殊金像	三二五
會稽	建崇化寺	三三〇
建康	長干寺迎張侯橋所得之金像	三三四
建康	建靈曜寺	三三六
廬山	建歸宗寺	三四〇
建康	建延興寺	三四四
剡州	石城山建隱嶽寺	三四五
荆州	建長沙寺	三四六
金陵	建莊嚴寺	三四八
定陰里	建永安寺	三五四
金陵	建瓦官寺	三六四
建康	建安樂寺	三六五
洛陽	東寺講法華維摩	三六八
平江	建虎丘山寺	三六八

建康	建建福寺	三六九
金陵	建長千寺三級塔	三七二
建康	建新林寺	三七二
襄陽	建檀溪寺	三七三
襄陽	改檀溪寺爲金像寺	三七五
金陵	長干寺慧達於地中得阿育王塔	三七五
廬山	慧永建西林寺	三七六
武陵	建平山寺	三七六
建業	紹靈寺鑄慧護丈六之金銅釋迦像	三七七
越州	建嘉祥寺	三七八
長安	道安住五級寺	三七九
建康	建新亭寺	三八〇
會稽	建簡靜寺	三八五
廬山	建東林寺	三八六

地點	事蹟	年代
金陵	重修瑞相院	三八八
金陵	長干寺舊塔之西建三層塔	三九一
金陵	瓦官寺被焚	三九六
南燕	建神通寺	三九六
洛陽	建五級塔耆闍崛山及須彌山殿講堂禪堂	三九八
明州	鄮縣建阿育王塔二亭	四〇五
餘杭	建法華寺	四一七
建康	建崇明寺	四一八
鍾山	重修延賢寺	四一八
蘇州	建淨壽院	四一八
建康	建祇園寺	四二〇
?	建石壁山招提寺	四二〇
鍾山	建靈味寺	四二二
青州	建景福寺	四二二

金陵	建治平寺	四二三
（魏	改稱寺為招提）	四二四
建康	建東青園寺	四二六
金陵	建能仁寺	四二九
建康	建王園寺	四三〇
建康	建南澗寺	四三〇
建康	建南林寺戒壇	四三四
鍾山	建定林上寺	四三五
廣陵	建菩提寺	四三八
廬山	建招隱寺	四三八
建康	增建東青園寺	四三八
廣陵	建南永安寺	四四一
建康	王園寺被毀	四四四
廣陵	南永安寺建外國佛塔	四四五

（魏詔諸州坑沙門毁佛像）		四四六
鄴城	五僧塔爲魏所毁	四四六
會稽	建龍華寺	四四七
（魏復佛教）		四五二
建康	建興福寺	四五三
建康	建禪靈寺	四五三
武州	西山魏開石窟五殿鑄佛像又建靈巖寺	四五四
丹陽	改中興寺爲天安寺	四五九
鍾山	建藥王寺	四六三
永興	建柏林寺	四六四
金陵	建謝鎮西寺	四六四
建康	建幽棲寺	四六四
建康	建興皇寺	四六五
恒安	北臺魏建永寧寺七級塔高三百餘尺	四六七

建康	建湘宮寺	四六八
建康	建正勝寺	四七〇
洛陽	建鹿野佛塔	四七一
金陵	建延祥寺	四七一
建康	建弘普中寺	四七二
?	宋建閑居寺	四七四
洛陽	建建明寺當時魏北臺有寺百餘僧尼二千餘四方諸寺六千四百七十六僧尼七萬七千三百五十	四七六
方山	建思遠寺	四七七
秣陵	建白塔寺	四七八
底陽	建齊國寺	四七九
洛陽	建報德寺	四八〇
鹽官	建齊明寺	四八二
建康	建佛音寺	四八二
陳留	建齊興寺	四八一

地點	事蹟	年份
攝山	建栖霞寺	四八八
建康	建枳園寺	四八八
建康	建慧光寺	四八八
齊	張欣泰陳二十條請寺塔之應廢毁	四九〇
秣陵	建安國寺	四九一
建康	建濟隆寺	四九四
嵩山	建少林寺	四九六
鄴	建安養寺度僧尼一萬四千人	四九九
洛南伊闕	開石窟二處鎸佛像二十四年成	五〇〇
揚州	建光宅寺	五〇二
洛陽	建景明寺	五〇三
金陵	建淨居寺	五〇六
建康	建慧光寺	五〇七
建康	建小莊嚴寺	五〇七

洛陽	建正始寺	五〇七
揚州	建光宅寺塔	五〇七
洛陽	建永明寺	五〇九
金陵	建本業寺	五一〇
鍾山	建大愛敬寺	五一二
	當時魏有一萬二千七百二十七寺	五一三
鍾山	建開善寺	五一四
洛陽	建永寧寺九層塔高四十餘丈	五一六
三茅山	建菩提白塔	五一六
金陵	建佛窟寺	五一九
金陵	建聖遊寺	五一九
金陵	建法清寺	五一九
金陵	建永慶寺	五一九
金陵	建鷲峯寺	五一九

秣陵	建法雲寺	五一九
金陵	建安國院	五二〇
鄴都	建大覺寺	五二一
明州	于鄮縣阿育王塔之古跡建木浮圖號阿育王寺	五二二
伊闕	佛龕成	五二三
秣陵	建南冥眞寺	五二四
洛陽	建景明寺七層塔	五二四
洛陽	永寧寺寶瓶被大風吹落新鑄之	五二六
梁	同泰寺成	五二七
洛陽	建追光寺	五二八
魏帝造五精舍及石像一萬		五三〇
洛陽	建建中寺	五三一
揚都	建本生寺	五三二
長安	建陟岵寺	五三二

洛陽	平等寺五層塔成	五三三
洛陽	永寧寺九層塔被災火三月不滅	五三四
長安	建般若寺	五三五
金陵	改修長干寺阿育王塔	五三七
鄴都	建天平寺	五四〇
明州	改造阿育王寺塔	五四四
金陵	重建曠野寺	五四六
建康	建同泰寺十二層塔	五四六
建康	建天宮寺	五四九
句容	重修永定寺	五四九
北齊	建報德寺	五五一
龍山	建雲門寺	五五二
洛陽	建建國寺	五五五
北齊	建大莊嚴寺	五五八

揚州	建東安寺	五五八
涼州	建瑞像寺	五六一
荊州	長沙寺被火	五六二
靜陵	建大明寺	五六二
并州	建大基聖寺大崇高寺	五六九
金陵	謝鎮西寺被火	五七〇
金陵	重修謝鎮西寺改爲興嚴寺	五七三
鄴都	重修白馬寺塔	五七六
（北齊）	建大寶林寺	五七七
晉陽	鑿西山大佛像	五七七
北周克齊毀齊境之佛寺經像使僧尼三百餘萬還俗		五七八
長安洛陽	各建陟岵大寺	五七九
鄖州	建大像寺	五七九
江都	建安樂寺	五八〇

五　嶽	隋勅置佛寺各一處	五八一
襄　陽	隋郡　江陵　晉陽　各置佛寺一所(隋)	五八一
井　州	建武德寺	五八一
長　安	改陟岾寺爲大興善寺	五八二
隋復興天下之佛寺		五八三
定　州	建恆嶽寺	五八三
長　安	建靈感寺	五八三
長　安	建清禪寺	五八三
長　安	建大雲經寺	五八四
長　安	改延衆寺爲延興寺	五八四
長　安	改建德寺爲大興寺	五八四
長　安	建宣化尼寺	五八五
兗　州	改廣濟寺爲法集寺	五八五
長　安	建紀國寺	五八六

終南山	建龍池寺	五八七
長安	建淨影寺	五八七
兗州	建淨行寺	五八八
?	建法明尼寺	五八八
鄜州	改大像寺爲顯濟寺	五八九
循州	平等寺被火	五九二
荊州	建玉泉寺	五九三
揚州	建長樂寺五層塔	五九三
長安	清禪寺十一級塔成	五九四
杭州	建天竺寺	五九五
荊州	建長沙寺正北大殿	五九五
天台山	建國清寺	五九八
雍岐涇秦等三十州建舍利塔		六〇一
長安		六〇一

地點	事蹟	年代
恆泉循營等五十三州建舍利塔		六〇二
長安	建禪定寺	六〇三
博絳等三十餘州建舍利塔		六〇四
長安	建西禪定寺	六〇五
揚州	建長樂寺四周僧房	六〇八
涼州	改瑞通寺爲感通寺	六〇九
長安	建七重塔二基	六一二
改寺院之稱爲道場		六一三
長安	禪定寺改爲總持寺	六一六
隋勅以大平宮等九宮爲寺度僧		六一七

(b)實例

南北朝建築物，以佛寺最爲豐富。就中北朝最佔優勢。其實物今日存留者甚少，吾人只能據史籍以想像當時建築之如何宏大壯麗耳。據史籍所記，通六朝最偉大者，殆爲北魏胡太后建立之洛陽永寧寺。洛陽伽藍記云：永寧寺，熙平元年靈太后胡氏所立，在宮前閶闔門南一里御道之西，中有九層浮圖，架木造之高九十丈，更立十丈之刹，即相輪也，合計自地上高一千尺，距京師百里即可見之。相輪之上有容二十五石之寶瓶，其下有三十重承露金盤，其周匝垂金鐸，以四條鐵鏈由相輪引於屋頂之四隅，其上亦附金鐸。塔之各重之角，亦懸金鐸。上下凡一百二十鐸。塔之四面，有三戶六窗，戶皆塗以朱漆。扉上有五行金釘，合計五千四百枚。塔北有佛殿，其形如太極殿。寺院周圍爲磚甃之牆，四面各有一門。南門三重，備三戶，高二十丈，其形如今之端門云。

據此記事，永寧寺之圖案，如日本飛鳥時代百濟樣七堂伽藍四天王寺之模型。塔後之佛堂亦然。但謂塔總高一千尺，則太虛妄。魏書釋老志謂高四十餘丈，似屬可信。果爾，則由今日日本曲尺計之，凡三百二十尺，實屬中國古今最高之塔。且除古代巴比倫之祠塔外，又爲東洋第一高建築。但較日本東大寺之兩塔尚稍有遜色。（犍陀羅之雀離浮圖，與錫蘭無畏山之塔，在記錄上雖云高四十丈或超過之，但實際不滿今日三百尺。）要之北朝建築之偉觀，已超出世人想像之外矣。

構造的建築之實例，今日殆無存者。只由關野貞博士介紹二塔，今後或再有發見，雖未可知，然無把握也。石窟寺則曾發見許多巨大之實例，其研究亦達於精到周密之域。其中規模最大者，爲甘肅之敦煌，山西之雲岡，及河南之龍門。敦煌以石窟之延長與大窟內裝飾之完備勝，雲岡以氣魄之魁偉勝，龍門以技巧之優秀勝。其他如山西之天龍山，河北之南響堂山，河南之北響堂山，及鞏縣與山東之雲門山及駝山寺，皆有貴重之遺蹟。然廣大無邊之中國領域內，尚可望接續有新發見也。如有新發見，則當在文化中心點之附近，而五胡十六國之首都附近，尤爲應着眼之地點。今試對於當代之遺跡，略述其現狀。

（1）敦煌

敦煌今編入甘肅省境，在安西西南約九十餘華里，漢代已著名，爲通西域之要道。五胡十六國時代，爲西涼之首都。敦煌東南約七十華里有鳴沙山，其半腹鑿有石窟，卽千佛洞。前秦苻堅建元元年（公元三六六）僧樂僔始開之，其後北朝唐宋皆有開鑿者，最新者爲元代之物。石窟之數，據伯希和所踏查，主要者凡一百七十一。其一窟中更包括數窟，全體定總數不知幾許，或謂達千數云。第四十六圖，爲伯希和所踏測之圖，其規模如何宏大，一覽自知。自第一窟至第一百七十一窟之終，約達三千餘尺。然尙未盡。窟之大多數，屬於唐，北朝及宋次之。在北朝中，又依時代而分階級。其何者爲最古，非實地調查無由確知。玆據伯希和之圖錄，在屬於北朝者中，選有建築的意義者介紹之。

第一百十一號窟右方之壁面。下部並穿印度式券洞三處，中有佛像。而最堪注目者，爲其柱與券之手法。此種券形通北朝皆用之，券之內輪之兩端，反轉向外，而雕成忍冬藤蔓，頗富於北朝趣味。柱頭疊布，強結其中央，故成小鼓狀之輪廓之形（便宜上名此形爲結花）。此種輪廓之柱頭，雲岡龍門及其他石窟皆曾有之，然其內容各異。其左上部現天花板之半部，其手法，在方天花板上，插入迴轉四十五度第二斜方形之格。格內再作迴轉四十五度第三正方形之格。此種手法，爲印度普通手法。中國朝鮮亦曾見之，殆由西域傳來者。蓋中國固有木造天花板之手法，只作棊盤目之式耳。

第一百二十窟之右壁，其中二龕之上，印度券內輪之兩端，有忍冬藤之手法。其外拱上，有背光狀之輪廓，輪廓之內，又連續忍冬之手法，此乃北朝之普通手法也。日本法隆寺諸佛像之背光中，亦常見之。輪廓內充塡以雄壯之忍冬藤。

第七十七窟前壁之上部。其最堪注目者，爲天花板之手法，成美麗天蓋之圖樣。此天蓋之意匠，與日本法隆寺金堂內之天蓋，完全相同。此天蓋，亦爲北朝特色之一。雲岡龍門等到處多用之。

第一百二十窟左壁之前部。其下有背光之輪廓，及其內容之手法與右壁同。背光上之壁面，描畫有興味之戰爭畫。左方雜畫弓手與矛手，又有騎馬大將，酣戰時活動之狀。右方則引出敵方捕虜至殿堂內國王之前之狀。此蓋敦煌軍與敵戰而勝之之狀也。畫法輕妙而自由，筆簡而意盡。其上部現飛神與忍冬花，頗饒趣味。而一切之畫，皆作描於布上懸於天花板下之狀。

其他北朝遺窟頗多，大概異曲同工，無特異之處。關於敦煌，予有欲知而未能知之一疑問，卽東晉安帝隆安元年（公元三九七）北涼沮渠蒙遜開鑿之沙州三危山石窟寺也。沙州與三危山之位置，雖稍加調查，尙未有正確之決定。二三史籍中所記，頗有異同，殊難置信。地圖亦無精確者。吳汝綸題字之大淸全地圖，近於正確。據此圖，則古之沙州，在敦煌西南約四十二華里之地。三危山在沙州東南東約五十四華里許，與鳴沙山連續，三危山與鳴沙山同一山系，似在鳴沙山西面，相距數十里。如是則沮渠蒙遜所開三危山之石窟，卽鳴沙山之石窟也。相傳前秦先開之，北涼繼之；其事之眞僞，若加以考證，似不難知，惜予未之知也。又有當附記者，三危山之石窟，當名莫高窟，史籍中亦有記爲沙州莫高窟者，又有記爲敦煌莫高窟者，結果則沙州卽敦煌矣，其說糾紛，尚待考證。

敦煌以西新疆方面，容俟後章述之。近年歐美探險家常涉獵之，而有有益之發見，但多屬唐以後之物，然若充分調查之，北朝時代之遺物，想必有發見者。予所最着眼者爲于闐。法顯佛國記特別記載之于闐王新寺，若發掘其遺跡，當必有若干資料提供於世。予料將來必有得此種報告之一日。

(2)雲岡

雲岡乃山西大同西郊三十華里之寒村也，此處近武州河，北岸一脈之砂岩丘陵亘於東西。丘陵南面鑿造一羣石窟寺。鮮卑族拓拔氏之北魏，統一五胡十六國，佔有中國北半部，最初卽以大同爲首都，當時呼爲平城，雲岡石窟寺，係魏人創建。但最初爲何時何人所開鑿，亦有確實之記錄。

北魏當明元帝時信佛教，然至太武帝醉心道教，遂廢滅佛教，極其殘酷。至文成帝乃再興佛像一以償父祖之暴行，一欲由佛教以開發文化，故於武州山開鑿大石窟寺，時在興安二年（公元五四五）當其局者爲曇曜，北魏書釋老志有云：

曇曜白帝，於京城西武州塞，鑿山石壁，開窟五所，鐫建佛像各一，高者七十尺，次六十尺，雕飾奇偉，觀於一世。

雲岡開鑿之年代似已明瞭，然仍有異說，大清一統志山西通志府縣志等，謂「元魏建，始神瑞終正光，歷百年而工始完。」神瑞爲明元帝之年號，似創立始於神瑞，後遇太武帝廢佛而中止，至文成帝始作大規模之復興者。此神瑞剏立說雖根據薄弱，無甚價值，但亦不宜完全抛棄。若對於現狀從事精查，當可知之。然若解爲遭太武帝廢佛之厄而破毀，似不可能。要之現今之石窟寺，乃由曇曜之五大窟始，繼續開鑿至隋末唐初者。

尤有當考慮者，卽曇曜開窟之際，建靈巖寺一事。靈巖寺似爲管五窟之伽藍，然其所在不詳。據通志，此處有十寺院，一同升(？)，二靈光，三鎭國，四護國，五崇福，六童子，七能仁，八華嚴，九天宮，十兜率。惟其由來沿革，皆少確實資料。

雲岡石窟寺之現狀，如第四十七圖，分爲三區。東部爲第一區，中部爲第二區，西部爲第三區。第三區之西，有一羣小窟，此非不可名爲第四區，但此部殆無足觀，故無注意之必要。石窟寺之主要洞窟，在第一區爲第一至第四四窟。第二區爲自第五至第十三窟。第三區爲自第十四至二十窟。其延

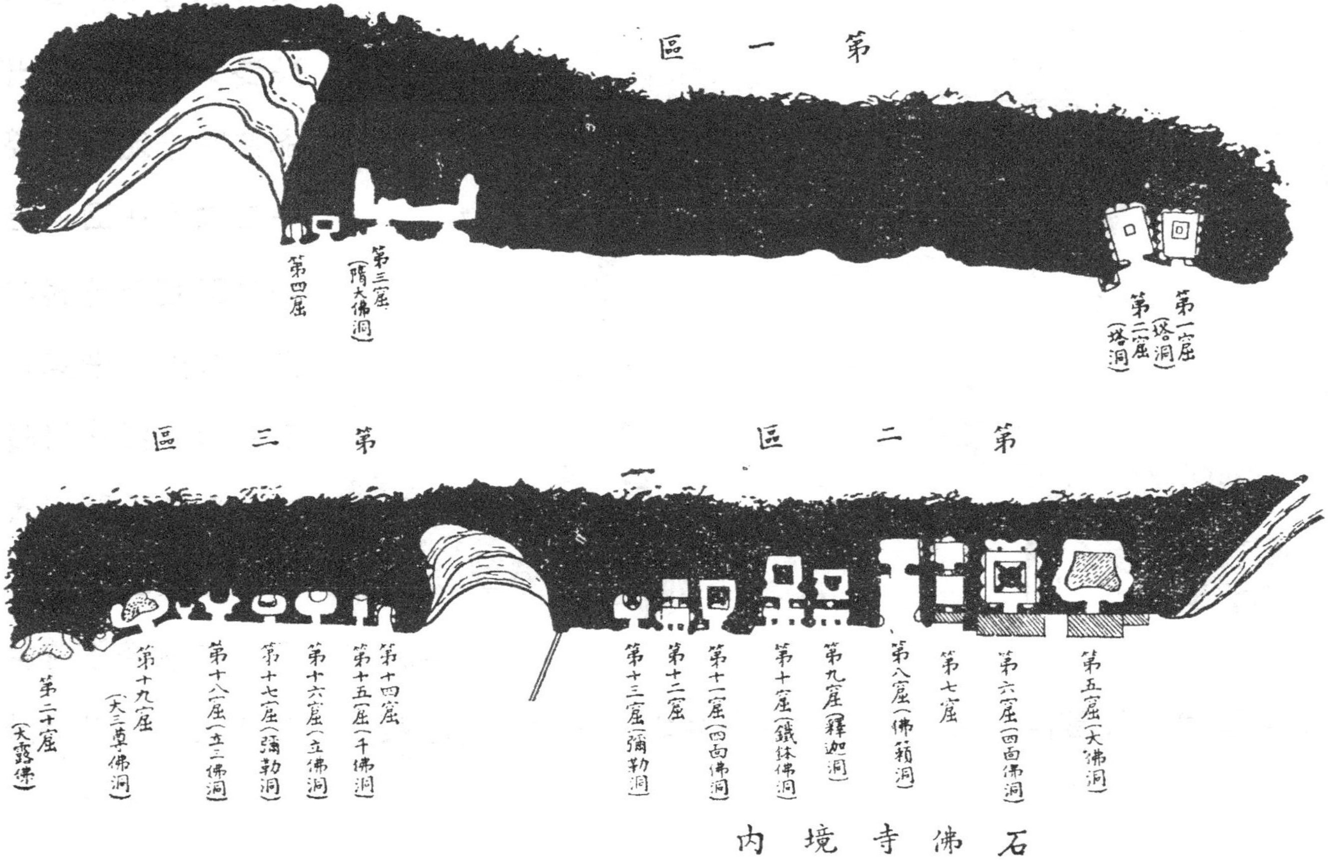

第四十七圖 雲岡平面圖

第一區

第一窟（塔洞）
第二窟（塔洞）
第三窟（隋大佛洞）
第四窟

第二區

第五窟（大佛洞）
第六窟（四面佛洞）
第七窟
第八窟（佛籟洞）
第九窟（釋迦洞）
第十窟（鐵鉢佛洞）
第十一窟（四面佛洞）
第十二窟
第十三窟（彌勒洞）

第三區

第十四窟
第十五窟（千佛洞）
第十六窟（立佛洞）
第十七窟（彌勒洞）
第十八窟（立三佛洞）
第十九窟（大三尊佛洞）
第二十窟（大露佛）

石佛寺境内

長之度，自第一窟至第二十窟，約千五百尺左右。其全體光景，如第四十九圖。以下爲諸窟寺之記載，但其詳細究不可知，茲不過述其大略耳。

曇曜開鑿之五窟，爲第三區中自第十六至第二十窟，由其規模及式樣手法觀之，皆堪首肯。第十六窟內之立佛像，高四十餘尺。第十七窟內之彌勒佛像，殆高五十尺。第十八窟之立像與第十九窟之坐像，殆皆近五十尺。第二十窟前壁崩壞，內部坐像露出上身，自膝以下則已埋沒，其全高恐在四十尺

第四十八圖　雲岡第二十窟

第四十九圖

雲岡全景

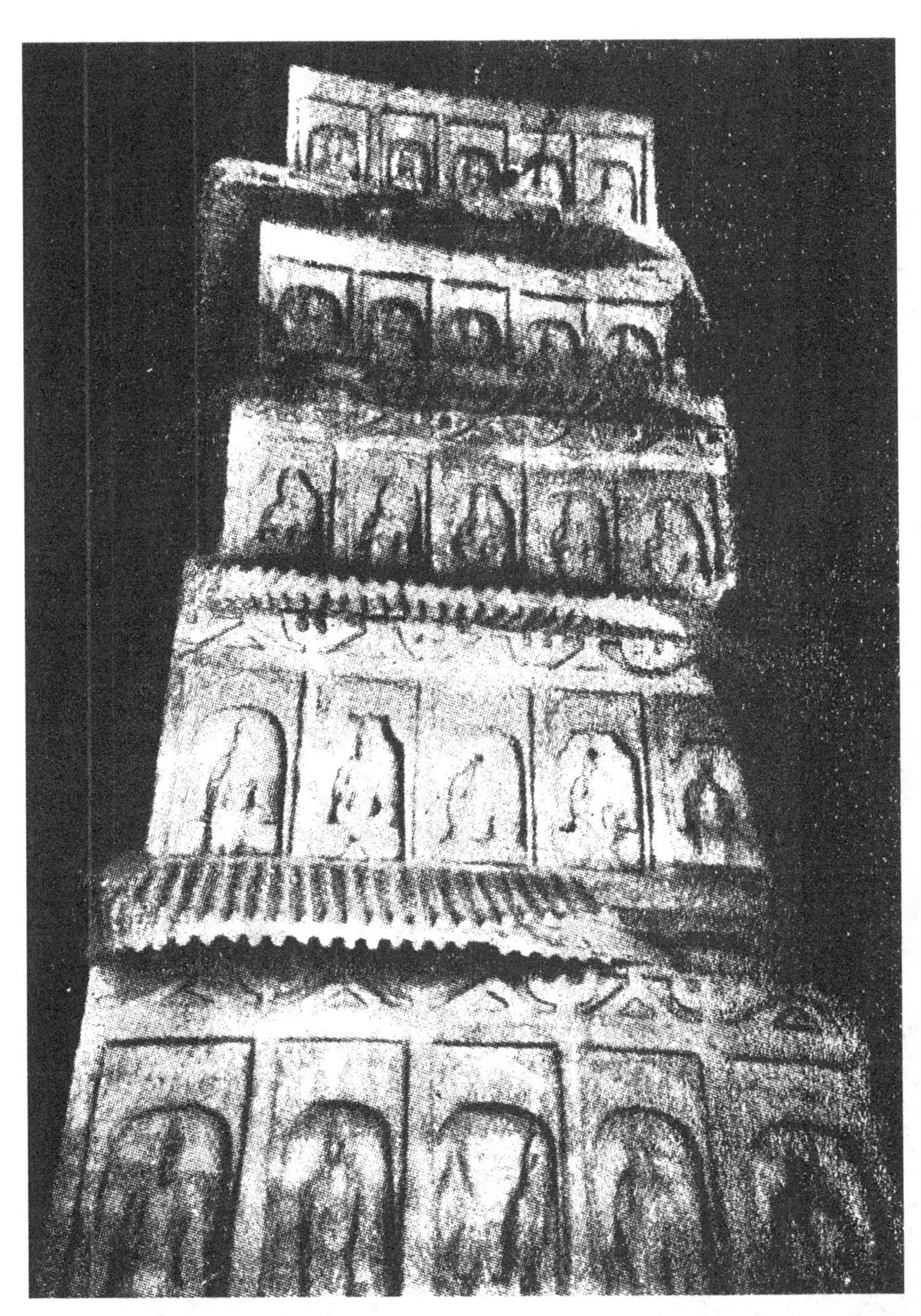

第五十圖　雲岡塔洞中央塔

第五十一圖　雲岡第六窟南壁東部

第五十二圖　雲岡第十窟正殿入口上窗

以上（第四十八圖）。北魏書所謂高者七十尺次者六十尺者，乃以魏尺計算者，略與現狀符合。

此五窟之內部，皆以雕刻蔽之，今已殘廢；欲於其殘存者中，加以精査，頗感困難。第二區諸石窟平面，規模頗大，而內容各別。其細部比較的存留者，多易調査。第三區之手法，與第二區異曲同工。其根本性質亦無異。第二區諸窟中，第五窟名大佛洞，其內大佛坐像，高約六丈，較日本奈良東大寺大佛尤大，爲中國現存立體佛像之最大者。窟之內徑，廣七十二尺，深五十八尺四寸。第六窟廣深皆四十六尺餘，中央四面鑿四佛，凡三層，實巨構也。周壁配列佛龕三重，裝飾的雕刻與花紋之豐富，使人目爲之眩。第七之西來第一山洞，第八之佛籟洞，雕刻花紋，皆有趣味，但大體多已殘廢。第九窟之釋迦堂，第十窟之持鉢佛洞，裝飾手法，可觀者少。第十一窟四面佛洞，第十二窟椅像洞，皆異曲同工之作。第十三窟彌勒洞之本尊，爲兩脚交叉之椅像，高約五十尺，頗爲雄偉。

第二區洞內，皆飾以色彩，然一再補修改竄，已漸次惡化，創立時之姿勢，殆已全失。其雕刻或因風化，或因破壞，或因後世之修補，已改變其輪廓，六朝固有之風貌，被蹂躪者不少，殊可惜也。第二區諸窟之的確年代，雖不可知，但第十一窟中發見有太和七年（公元四八三）之造像銘，殆此時代之前後，諸窟繼續開鑿者。然則第二區之工程，即繼續第三區而着手。至公元四八三年，第十一窟成，殆又經若干年乃見第二區之完成。

第一區之第一東塔洞內，鐫刻二層塔。第二西塔洞內，刻三層塔，皆現出六朝時代之精華，惟第三大佛洞年代稍後，諸家以之擬於隋代，或更下至唐初，亦未可知。要之認為隋唐之間，當無大誤。但此洞工程，未曾完成，其內部廣約一百三十尺，深約四十尺，而中止。本尊為椅像，高越三十尺。

以上諸窟中最可觀者，為雕刻之佛像。今不暇作此方面之評論，惟對於建築方面略說之。雲岡石窟寺之藝術的性質，就其創建之由來，及當時與西方佛教國之交涉等推之，當然為仿中亞之式樣者。蓋承敦煌千佛洞之後，而受其影響頗大。又受印度笈多時代之感化，亦甚顯著。更由當時獅子國僧來魏之事實觀之，又不得不認有南天竺乃至錫蘭藝術之痕跡。欲徹底考察之，當更入於深微，故此問題，只能俟諸他日。茲僅對於諸窟建築的手法之重大者，尋覓其源流焉。

第五十三圖（第十窟）中，有愛奧尼亞式柱頭。此式柱頭，大成於希臘，亦潛入犍陀羅之大月支國，可由遺物確認之。然其先向何處推行，殊不能明。今突現於雲岡，亦頗奇異，殆潛行於中亞而來

第五十三圖　雲岡第十窟

者。若探查其徑路，亦斯界有興味之事也。

第五十四圖（第十窟），有可認爲科林多式之柱頭，至少亦爲與之同型之手法。科林多式發祥於希臘，大成於羅馬，而此種手法則在拜占廷見其實例。犍陀羅亦常見有科林多式之柱頭，但其手法與本圖大異，彼以阿康斯縮(Acanthus)葉（此植物之葉作鋸齒狀）構成，此以忍冬（金銀花）組織。此奇異手法之源流，雖尚未能確實指定，蓋由極西亞細亞方面經波斯傳入者。

第五十五圖（第十一窟），爲印度式券及印度式柱頭。此種印度式券及柱頭，在敦煌已多見

第五十四圖　雲岡第十窟

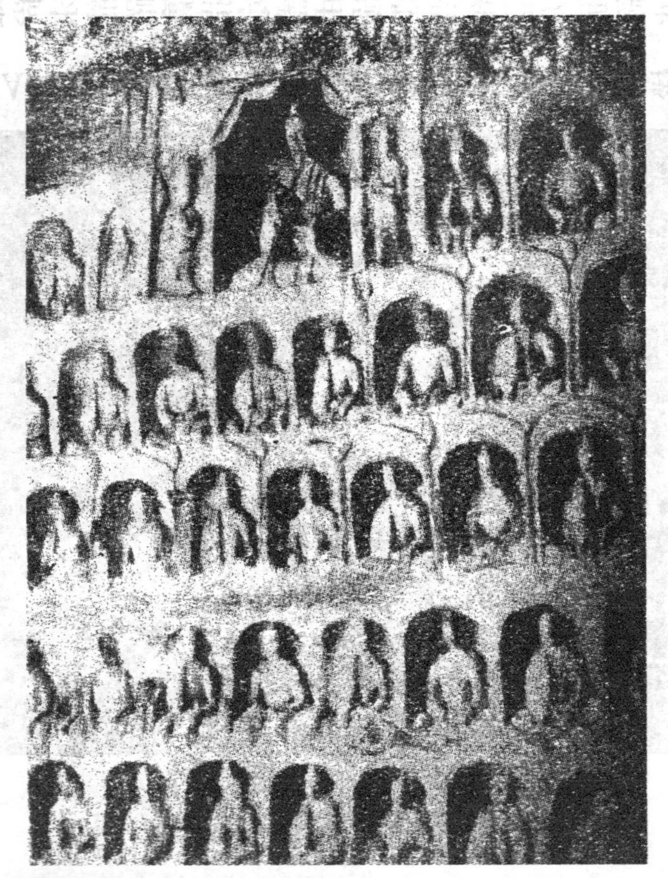
第五十五圖　雲岡第十一窟

之，雲岡亦多採用，畢竟由印度經中亞細亞而來，在敦煌作若干變化，其後乃入中國內地蔓延於諸方者。

第五十六圖（第十一窟）爲犍陀羅系之梯形劵及梯行楣，與壁面之千體佛。梯形楣之實例，犍陀羅甚多，而中印度殆無所見，殆發祥於犍陀羅者。壁面鐫刻千體佛之風，印度雖亦不少，而尤以犍陀羅爲多。本圖之體裁，予以爲表現犍陀羅系之趣味者。

第五十七圖（第二窟）爲梯形劵與二塔。梯形劵內外輪之內，加以區劃，內有飛天。但此手法，在犍陀羅未曾見之。蓋飛天之手

第五十六圖　雲岡第十一窟

第五十七圖　雲岡第二窟

法爲印度式也。劵之下垂有天蓋型瓔珞之形，此非葱嶺以外之式，必玉門關與葱嶺間式。此與波斯特有之所謂鋸齒紋，必有如何關係，但尚未及考查。塔之形式亦大堪研究。前章漢代建築之部中，曾謂中國之塔爲受中國樓閣之影響者，而此圖左方之二層塔，與右方之三層塔，皆於二層三層樓閣之頂上，載有印度式窣堵婆之形，然樓閣則暗示爲木造者。第五十八圖，明示前圖左方之二層塔，其屋上之窣堵婆，他處尚未見其例。基壇（卽露盤）與塔身（卽覆鉢）之間附有影雕花，此等雕花，與第五十九圖之科林多式柱頭，爲同型之手法，相輪中

第五十八圖　雲岡第二窟

有七輪要之此窣堵婆，似暗示若干西藏塔之起源者。然雲岡尚雕有其他式樣之塔，暗示當時所構造多層塔之式樣者，實極重要之材料也。

第五十九圖（第六窟）中，雕有五層塔，各層中有印度式券及梯形券與佛像。其柱，與其謂爲中國式之大料，寧視爲印度型乃至印度波斯系，較爲妥當。屋上之窣堵婆，已漸退化，變形而近於普通之相輪。此等構想，與前記之塔同式。但九輪而三本並立，頗有奇趣。殆與日本白鳳時代長谷寺銅板中所見之塔，有密接之關係。

以上乃專述外來之手法者，其屬於中國固有之手法者亦不少第六十圖（第六窟），即其一例也。屋簷四注，頂皆用瓦，正脊之兩端有鴟尾，脊上有三角形之裝飾物，立於其間者有鳳之形狀，皆周漢以來之常法也。簷桁之下，有一斗三升及人字形鋪作，乃日本飛鳥時代建築之所本也。同樣之手法，又見於第六十一圖（第二窟），屋上成天蓋形之手法，有使人連想日本橘夫人櫥子之感。第十窟內之勾欄，與日本法隆寺之勾欄，完全相同，頗饒興味。

第五十九圖　雲岡第六窟

第六十圖　雲岡第六窟（正殿入口）

第六十二圖（第六窟）乃表示天蓋者，此爲佛像頭上之天蓋，與日本法隆寺金堂內之天蓋同形，敦煌亦屢見之。雲岡此種天蓋，常常用之，而稍有變化。至其起源，予認爲發祥於西藏者，容後章說明之。

其裝飾花紋，在考究六朝藝術之源流上，爲極重要之材料。

（3）龍門

龍門在河南洛陽之南約三十華里，伊水由南而北，流入洛陽盆地，河之兩岸，有成白石灰岩之丘陵。右岸無足言者，左岸東腹所鑿之石窟，其數不知幾許，延長約二千尺，此卽伊闕

第六十一圖　雲岡第二窟中央塔

第六十二圖　雲岡第六窟

龍門之石窟寺也。各洞窟內鐫刻佛像，周壁施以雕刻花紋，其精巧雖優於雲岡，但石窟與佛像之偉大，則不及雲岡遠甚。其裝飾手法，縱橫無礙奔放自在之點，亦不如雲岡。要之開鑿龍門之時，手法已有一定模型，似不能妄出其範圍。蓋龍門之年代稍後於雲岡也。雲岡時代尚在試作時代，毫不囚於規格。至龍門則已入成熟期，故取愼重之態度也。然則龍門之年代，究在何時乎？

普通謂龍門鑿於北魏移都洛陽之時，卽孝文帝太和十七年（公元四九三）以後，據魏書釋老志，宣武帝先爲其父（孝文帝）母（文昭皇太后）營石窟二處，其後宣武帝更造一處，是爲龍門開鑿之始。但所鑿石窟，現在何處則不明。要之龍門石窟最古之銘，爲太和十九年（第二十一窟），而據他銘則知爲太和七年開始工作者。卽龍門於北魏尚未遷都洛陽之前已開鑿矣。爾來經東魏北齊與隋而至唐，皆繼續不輟，各時代皆有可徵之銘，亦有史籍可徵。

如是者，龍門實網羅歷朝之作，此其貴重之一。龍門西部諸窟之略形，如第六十三圖（支那佛教史蹟評解所載）重要石窟凡二十一；其中第三窟（賓陽洞），第十三窟（俗稱蓮花洞）第十四窟第十五窟，（北魏開鑿，唐改作）第十七窟（俗稱魏字窟）第十八窟，（北魏開鑿，唐改作）

第二十窟（俗稱藥方洞）第二十一窟（古陽洞）爲北魏之作。第二窟及第四窟推定爲隋代。其他皆屬於唐代。

今就北魏至隋之諸窟加以考究，由建築的立場以觀之，其最重大者，爲第二十一窟，至遲由太和七年開工，其於太和十九年完成，則窟內之銘已明言之。故與雲岡第二區之石窟，爲同時代之物。建築意義的確明瞭之雕刻，亦充滿於壁面。第三窟之賓陽洞，在潛溪寺內，乃龍門之北朝時代石窟，中規模最壯大最優麗者，廣三十六尺，深達三十三尺五寸，後壁之本尊及羅漢菩薩，與左右壁之三

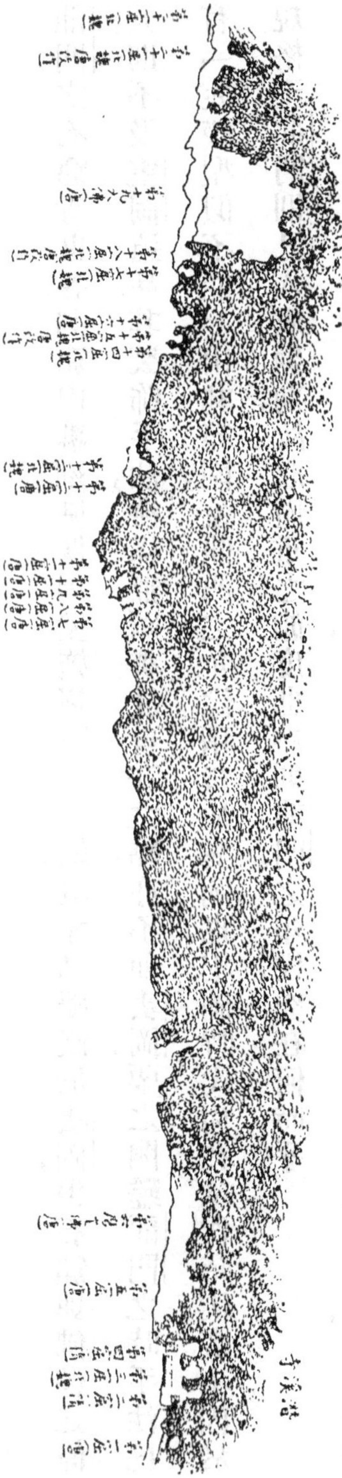

第六十三圖　龍門西峯石窟略配置圖

第六十四圖

龍門全景

尊佛皆非常偉大背光之花紋與天花板之裝飾等，亦甚豐富惜建築的雕刻可觀者少。又無銘文，不能確知其年代。然其屬於北魏，亦不待言矣。

第十三窟之蓮花洞，亦屬北魏之優秀者，除佛像之美外，壁面之佛龕，與千體佛之雕刻，亦大有可觀。第二十窟之藥方洞，雖爲北齊隋唐之加工，然大體仍保存北魏式之特色，佛像雖朴素，佛龕等之雕刻，有精巧者。要之龍門之北朝時代藝術性質，本與雲岡同系，而較爲整頓。其由西亞諸邦傳來之分子，則減少矣。例如愛奧尼亞式之柱頭，及類似科林多式之柱頭，東羅馬式之花紋等，已不可見。佛像又不如雲岡初期帶異國情調之風貌，殆皆統一於北朝之式也。他一方面，印度式之手法，亦大加洗練，中國固有之手法，亦參伍其間。總之雲岡多西亞式分子，龍門多印度式分子，雲岡有堂堂而魁偉之貌，龍門有明敏而巧慧之相，雲岡有魅人之氣魄，龍門有深入人心之情味。今再據若干之實例，以說明龍門之建築手法。

第六十四圖爲龍門全體之光景，其右方爲第十二第十三窟附近之狀態，其左方爲自第十四窟至第十九窟之大佛，由是足以推知龍門規模之大體。第六十五圖，乃表示古陽洞內壁之龕子之

印度式券者，其輪廓線之精妙，券面雕刻之纖細，實足令人驚嘆，因其石質爲緻密之石灰岩故也。雲岡爲砂岩，故不能如是。右券兩券脚，翻起爲鳳頭，左券兩券脚，翻起爲龍頭，此爲中國固有之思想。券脚之下，以二天及仁王代柱，券內佛像臺坐之下，左右有獅子一對，其姿勢互異，而其式樣則一。至其他微細之點，則不暇說明矣。

第六十六圖，乃示券與柱之手法者。券內輪之兩端，爲龍頭。支承之之柱，確爲印度乃至印度波斯系。龕下作欄，本尊趺坐於其上，此欄亦可認爲印度式，但龕之左右小碑之螭首頗爲巧妙，乃以北朝式之龍組成者。券龕之下，直接梯形券之龕，此已於雲

第六十五圖　龍門古陽洞（第二十一窟）

岡見之。券內飛天所著之天衣，轉爲帶輕快忍冬藤之味，乃雲岡所未曾見者。

第六十六圖　龍門古陽洞

第六十七圖，乃表示稍異之券與柱者，左上龕上之印度式券，已大變形，其柱頭之手法，結花之

形（卽敦煌之以布結成鼓形），漸呈變化，而近似印度波斯系。柱之中央部，又反覆用此手法，謂爲獨創，亦無不可。柱下之侏儒像，其下之獅子，又其下之小龕，層層相重，極手法之自由。左下之龕上，又

第六十七圖　龍門古陽洞

重疊梯形券與印度式券，右上之龕上，獨不用券而用交叉瓔珞之輪廓，同時爲龕之上輪。其下之龕，

加單純之梯形券，其變化之自在，實屬可驚。

第六十八圖，爲建築物之雕刻。中央直角形之龕上，冠以歇山式之屋頂，其拔似舉折，而簷則水

第六十八圖　龍門古陽洞

平。正脊兩端之鴟尾，與正中之鳥，其手法亦於雲岡見之。簷下之科栱亦同，上部之小龕，暗示爲小佛堂，其柱之上部用人像，爲印度慣用之手法。下方之右，刻出三重塔，甚爲鮮明，此式在龍門亦屢見之，恐亦暗示當時普通塔之式樣者。

第六十九圖，爲佛堂建築之一例，畫面現三所建築物，皆於壇上用木造之構架。壇之正面，有扶欄之階級，柱上有科栱，其間有人字形鋪作。屋頂山部極小之歇山式，可

第六十九圖　龍門長身觀音洞

藉以見其與四阿頂間之過程。簷邊水平，而屋坡彎曲。正脊兩端之鴟尾上舉，左端佛堂之中央冠以寶珠，屋頂皆用瓦。

第七十圖爲四重塔，與六十八圖之三重塔同式。三重塔而闊一間，此塔則二間；三重塔屋頂坡而殆成直線，此則明爲曲線。

第六十九圖，表示二重塔，但此不用普通塔之手法，而自成一種形式，不用屋簷而用三重疊澁，上層亦用同樣手法，可爲最好小品建築之標本。此外龍門雖仍有其他數種塔之雕刻，但雲岡樓閣式之塔上，載有窣堵婆者，則未見之。蓋開鑿龍門時塔之形式，已有一定故也。

第七十圖　龍門微妙洞

第七十一圖　龍門蓮花洞（第十二洞）

除以上列舉者外，雖仍有建築物，大抵皆與雲岡同式，但天蓋一物，雲岡到處用之，而龍門則甚希見，蓋其形式已變化矣。料栱在雲岡爲一斗三升及人字形，龍門則二重三斗。其他則有扠束木條諸手法，甚爲有趣。柱身卷殺（entosis），雲岡雖有近似者，龍門則已全見。但龍門柱有用凹槽線（fluting）者，更有用人形柱者，作合掌之菩薩形。人形柱肇源於希臘，多見於犍陀羅，印度亦有此例。龍門所見，殆由犍陀羅傳入者。若將雲岡龍門兩石窟詳細比較而研究之，實頗有興味之問題，且爲有益之材料也。

（4）天龍山

天龍山在山西太原城外西南三十華里，左右兩山之半腹，面於東南，各有一羣石窟。太原爲東魏將高歡之居城，其子高洋建北齊而都鄴，其後復營太原別都，直至今日，爲山西文化之中心。古之晉陽卽此都也。天龍山石窟寺，雖屬北齊時代開鑿，而隋唐二代，亦有追加者。

第七十二圖爲其平面圖（支那佛教史蹟評解所載），左峰自第一窟至第八窟，右峰自第九窟至第二十一窟，爲其最重要者。其屬於北朝時代者，爲自第一窟至第三窟三個。屬於北齊者，爲第

八窟與第十窟至第十六窟，則屬於隋，第九窟爲北齊至隋之物。其他盡屬於唐，天龍山諸窟之佛像，有端嚴微妙之相者甚多，已爲世人所知。至其建築的手法之可觀，似尚未普知也。茲揭數例如左：

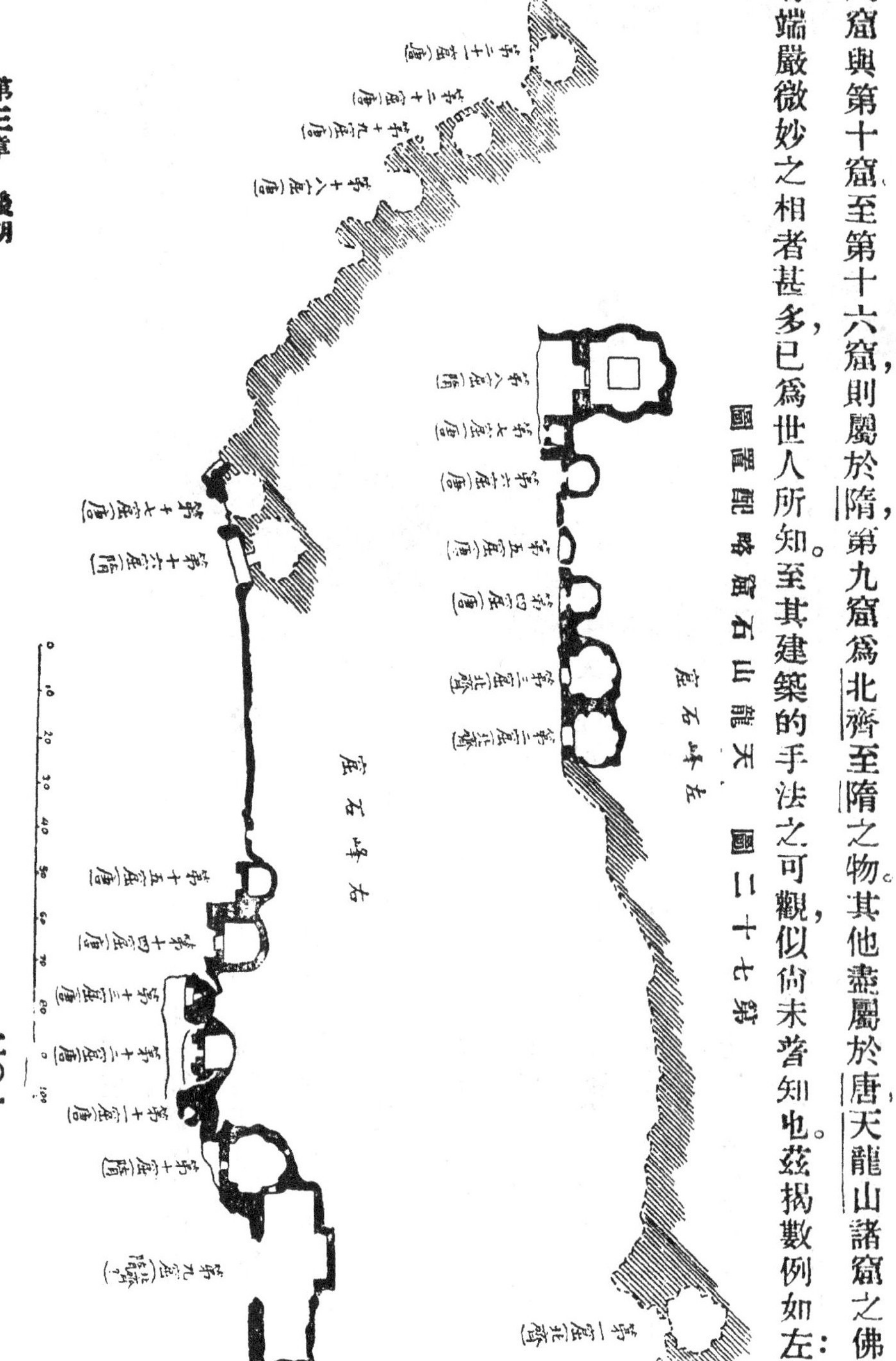

第七十二圖　天龍山石窟略配置圖

第七十三圖 天龍山第三窟

第七十三圖，爲第三窟，爲廣八尺四寸三分深七尺九寸之小洞，本圖爲其東壁所鑿之龕。其印度式券之輪廓，已明變爲北朝初期之式。內輪之頂點，施一種結花之手法，其結花與敦煌雲岡龍門之柱頭鼓形之手法爲同式。龕之兩柱之頭，亦見有同式之手法。但此時其上部已成完全之柱頭，下部則近於所謂金欄卷之性質。柱頭之上立鳳。但他處皆爲券內輪之延長者，此則不然。

第三窟後壁之右方，圖左爲佛龕之右柱，柱頭用寫生的蓮花，頗爲奇異，蓋起源於印度乃至印度波斯系之柱頭。柱頭之上立鳳，柱右立阿羅漢之像，當時雕刻技巧之精妙，已可想見。

第七十四圖　天龍山第一窟

第七十四圖爲第一窟之全面，其入口之券之柱頭，用開放蓮花，此亦爲他處未見之珍例。柱頭之上皆立鳳，入口上之壁面，雕有極鮮明之科栱，爲吾人所最喜者。科栱列一斗三升與人字形鋪作。此斗之式類似日本法隆寺之皿斗，肘木之背，刳入甚深，其端有繪樣刳形，爲重要之現象。人字形鋪作，雲岡龍門雖多，但皆作粗朴之直線形，此則爲甚強之曲線，蓋唐代婉麗曲線之前驅也。

第三窟之西壁，其龕之柱頭，用半開蓮花，其輪廓與普通西方乃至印度系之柱頭相同，用寫生的蓮花，殊堪珍貴。券內輪之末端，非鳳而爲龍首，壁面淺浮雕之菩薩像上懸有幔，卽北朝式之天蓋也，與敦煌雲岡及日本法隆寺金堂內之天蓋同式，但作幾分單純化，同時又加以洗練者。蓋之上端左右及中央有金屬之裝飾，其手法亦殊可貴。

天龍山諸窟除此以外，仍有可觀者，茲從省略。要之此石窟羣有亞於雲岡龍門之價值，其規模雖遠遜於前者，其技巧決不讓焉。蓋因年代之漸下，失豪宕之氣魄，而細部之手法，則巧示纖細之技術焉。

（5）南北響堂山

響堂山分南北二所，南響堂山屬河北磁縣西方四十五里之彭城鎮，北響堂山屬河南武安縣之義井里。北山在南山之西北三十五華里，此處有一羣北齊時代之石窟。大正十一年十一月常盤大定博士始往探之，其後未聞有考古家之訪問。

南響堂山之圖案，如第七十五圖（支那佛教史蹟評解所載），分上下兩段。上段有五窟，下段有二窟。茲就諸窟之手法中，舉其建築的意義之顯著者數例，卽第七十六圖上段第五窟之前面也。入口之柱爲多角形，柱頭及柱之中央，施有結花券之形式，此處甚爲變化，略近似所謂華燈形。小壁

第七十五圖　南響堂山石窟圖

上層

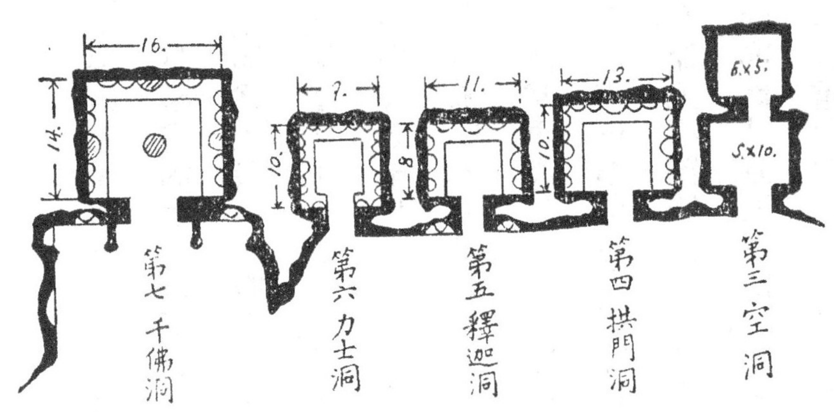

下層

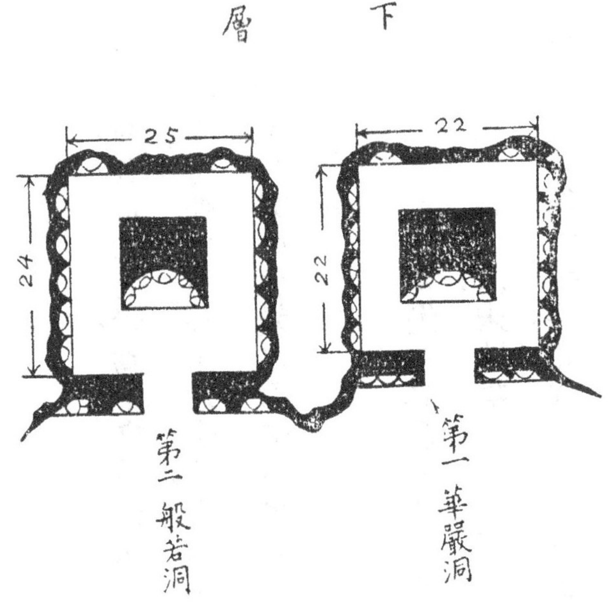

面之枓栱完全與第七十四圖天龍山之手法相同。簷端之挑檐桁，連簷瓦口及瓦當等，其手法亦甚鮮明，乃考察當時構造的手法之好資料也。

第七十七圖，爲上段由右數第二第三第四窟之前面，其最顯著者，爲中央第三窟之入口。其柱爲八角形，立於獅子之上，大堪注目。此種手法，南印度有之，但彼此有如何之交涉，尙未能有可信之定論。柱頭及柱中央之結花手法，略與第七十四圖同式，至其券則已變化而失本來之性質。此或爲後世所修補者，亦未可知。券左刻有小三層塔，亦有注意之價値

第七十八圖，爲下段第一窟內部壁面之手法，較前記之例，尤爲優秀，其龕鑿爲一座寶塔之形，其屋頂爲豐滿之半球形覆鉢，表面飾以美麗之花紋。簷端有角突出，末端垂鐸，左右以二條鎖鍊由相輪結於簷角，鍊上亦懸鐸，使人憶及洛陽永寧寺塔之狀。覆鉢之手法，認爲由印度傳來爲至當，龕券及柱之手法亦然。其意匠及技巧，頗有純朴之風。

北響堂山有重要七窟，其每個圖案，如第七十九圖（支那佛教史蹟評解所載）其全景如第八十圖所示。常盤博士名第一窟爲大業洞（隋），第二窟爲刻經洞（北齊），第三窟爲釋迦洞（北

第七十六圖 南響堂山上段第五窟

第七十七圖 南響堂山上段自第二至第四窟

第七十八圖　南響堂山下段第一窟

齊）,第四窟爲大佛洞（北齊）,第五洞爲倚像洞（唐）,第六洞爲二佛洞（隋？）第七洞爲嘉靖洞（明）。而此等諸洞之中堅,則爲第二乃至第四之北齊洞。就此圖觀之,似有因後世修補而失舊觀之點。要之較天龍山之北齊式,風調不同,頗堪珍貴。

第八十圖爲第四窟內之南壁,此窟爲諸窟中之最大最美者廣三十九尺八寸,深三十七尺四寸。中央刻巨柱,其左右及前面刻佛像,內壁左右各作五龕,本圖乃示其右壁者。各龕之間立柱,柱之表面雕刻美藤以充填之。柱礎

第七十九圖　北響堂山石窟略圖

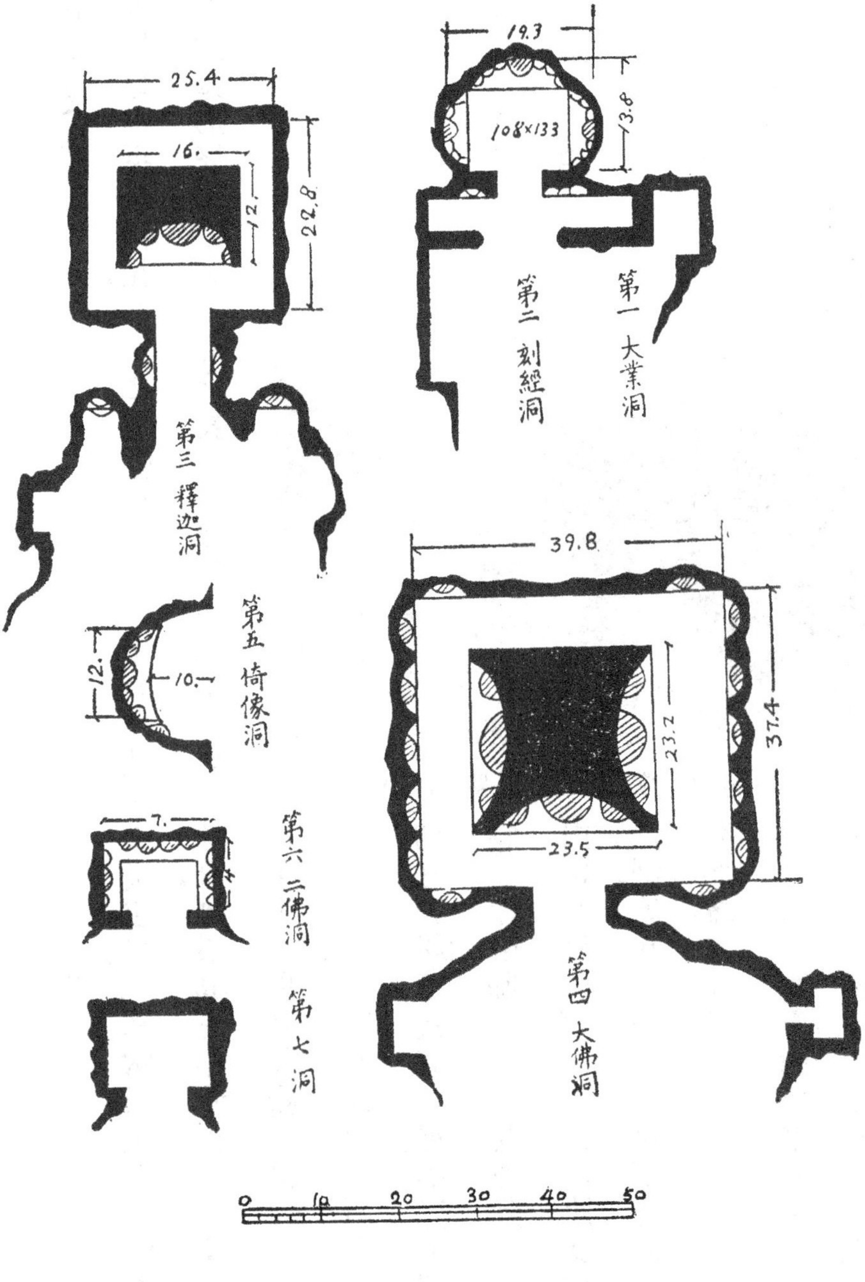

爲蓮花之形，柱之中央之結花，亦與之相應，柱頂有蓮，上有寶珠，以火炎包之，此爲常用之手法。柱礎之下，刻有翼之鬼形怪物。柱之上部，以貫連結之每龕之上冠以半球蓋，更於其上作蓮花忍冬及重疊蓮花光炎等壯麗之圖。龕上之印度式券，欠缺其外輪之頂尖點，則已失印度式券之實，不得不認爲一種裝飾的手法。其內外兩輪內之文樣，似有不能與其他調和之憾。第八十一圖，爲同窟前壁內面之龕，與前圖完全相同。

第八十圖　花響堂山第四窟

要之響堂山建築的手法，已離西方乃至印度的趣味甚遠，卻任意向中國化之方針進行者。其趨向於成就唐代新式之途，已示實證。此在響堂山諸窟之史的意味，甚爲重大。

由以上列記敦煌雲岡龍門天龍山及響堂山諸例，已得知北朝建築變遷之大要。茲再加二實例，卽鞏縣石窟寺，與雲門山及駝山之石窟寺也。

第八十一圖 北響堂山第四窟

（6）鞏縣

河南省鞏縣城外西北約三華里之處，臨洛水而有小丘狀之砂岩，鑿成一羣石窟，舊稱淨土寺。其開鑿之年代，據碑銘所載如左：自後魏宣武帝景明之間，鑿石爲窟，刻佛千萬像，世無能燭其數者。

第八十二圖　鞏縣第五窟

可知爲後魏之物，然亦有後世追加者。石窟之主要者有五，在東方者三在西方者二，皆面南，東西兩羣之間有露天佛三尊。

諸窟中最大而最可觀者爲第五窟（第八十二圖）。其廣深共二十二尺，中央鑿有約九尺寬之巨方柱，四面刻四佛，此手法已於雲岡見之。內壁三面列四龕，其券爲印度式。圖之右方，於券之內外輪間，刻忍冬藤，其運筆甚爲重厚。又綜合左右兩拱之末端，構成忍冬，其下置饕餮以承之，手法亦妙。

第八十三圖爲第三窟之天花板。第三窟乃次於第五窟之大窟也。內部之形式亦似之。於方

第八十三圖　鞏縣第三窟

格天花板之格間，加入花紋與飛天，其意匠極變化之妙。

（7）雲門山及駝山

雲門山在山東青州城南，約十華里，於一丘之頂上有洞門，門上刻有雲門山大雲寺，門西有二佛龕，有隋開皇十七十八十九年等之銘，由此可知其年代。第八十四圖，爲西方之佛龕。其建築的雕刻，不甚顯著，只見爲北朝共通之印度式券耳。但由佛像雕刻方面觀之，則有相當之價值。此外數個佛龕，多屬於唐代。

駝山和小丘，與雲門山中距一谷而相對，在青州東南約十華里，山上有大小佛龕六個，其年

第八十四圖　雲門山石窟

代屬於隋乃至唐。就中第三窟最大而最重要，廣約十八尺，深約二十三尺。佛像亦頗優秀其年代自北周建德六年（公元五七七）至隋開皇十四年（公元五九四）之間，已由史籍上證明之矣。然窟之內外，關於建築的手法，尙未見有可注意者。

第八十五圖爲第二窟之壁面，此窟內之佛像，亦似爲隋初之物。關於技巧之美點，有可觀者。窟之內外建築的手法，多不適用。龕之輪廓，似屬於印度式。

（8）嵩岳寺塔與神通寺塔

北朝建築遺物，今日已不可見；有之，惟關野

第八十五圖　駝山第二窟

博士發見之河南嵩山西麓嵩岳寺十二角十五層塔，與山東歷城縣神通寺之四門塔耳。據關野博士之解說，前者（第八十六圖）爲北魏宣武帝之離宮，孝明帝正光四年（公元五二三）淨捨爲寺，造十五層之塼塔，卽現存之建築也。平面十二角，高十五層，他處未見此例。二層之上，層層相接，全體之輪廓，宛似砲彈。初層柱頭之手法，有蓮花券之窗戶。窗之上下之飾及第二層以上之小蓮花拱窗，皆表示北魏式者云。予未見其實物，只對此照片觀之，則誠爲北朝式，且明見爲近似北齊式，而不能認爲北魏式。雲岡龍門等窟寺中，未曾見有此種之塔，殊不可解。

第八十六圖　嵩岳寺十二角十五層塼塔

第八十七圖　神通寺之四門塔

神通寺之四門塔（第八十七圖），關野博士謂：「寺爲苻秦竺僧朗所住之古刹。四門塔爲東魏武定二年（公元五四四）建築，除漢代石闕外，此爲中國最古之石造建築。方形壁體之上，置寶鼎形之屋頂，頂上冠以石相輪，其形雖簡而整。四面開半圓拱之入口，內部四面壇上，安置佛菩薩」云云，惟未言其建築的手法有發揮北朝式之點。予只就像片觀之，亦不知北朝之特色何在，故惟介紹關野博士之說焉。

（四）道觀

後漢末張道陵創道教時，實無可稱爲獨立宗教之程度。自東晉初葛洪著抱朴子，說神仙之道，道教乃漸次發展。蓋受當時極隆盛之佛教之刺激，與之對抗之奮鬬結果也。原來淺薄之道教，終不能與深遠之佛教相頡頏。道教每事皆受佛教之暗示，倣佛教之式而造經典與作法，欲造成宗教之形，故其殿堂之建築，當然無何等特殊異彩。宮殿與佛寺一無所異。殿內設備，亦與佛殿相同，安置本尊之壇，前之桌與所謂跪坐誦經之設備，坐側之鐘鼓等，殆與佛教無異。吾人入殿內觀其本尊，始能辨其爲佛殿或道觀也。

道觀之出現，始於何時，由何人大成道觀之式，予雖未知其詳，但似在東晉之初期。南朝之陶弘景等，對於道教之興隆，與有力焉。東晉道士王符作老子化胡經，謂老子出函谷關至印度說道，釋迦聞老子之教，始起佛教云云，欲置道教於佛教之上。故釋道二教反抗論爭不已。南北朝時代，最篤信道教者爲北魏之道武帝太武帝，北周之武帝。魏太武帝醉心於道士寇謙之，武帝信任衞元嵩，結果遂作滅佛之舉而迫害佛教。寇謙之爲當時有最大勢力之道士，太武帝授以天師之位。其時年號，亦改稱爲太平眞君。

南方比於北方，尊崇道教之念較淺，梁代尤迫害道教，然道教以中國固有之思想爲根底。亦有牢不可拔之勢。當時雖被佛教壓迫，呈不振之狀態，但道觀神祠等廟宇，度亦必有相當之起造，只恨今日不能知其具體的消息耳。予今對於釋道二教之消長，舉其應注意之點於下。佛教教理深遠，非知識階級，不能諒解，欲其通俗化，而得一般人民之信仰，當甚困難。然終能以非常之勢而發展者，是何故乎？其原因之一，蓋以當時戰亂不已，國民在不能安堵狀態之下，蓋爲避免兵亂及重稅計，故多爲僧尼而隱於佛門歟？蓋一入佛門，則可免掠奪與虐殺耳。兵亂最甚時，爲五胡十六國，北方爲亂兵之藪，此北方佛教所以大盛之因。道教當時尚未入大成之域，未備宗教之體裁，故尚未開國民歸依之道。而道士等又往往有起亂伏誅之事蹟，乃作過激之宣傳及實行者也。然道教思想，爲中國民族所固有，開闢以來所養成，以此與崇拜天地日月山川草木之原始的宗教結合，遂成強大之潛勢力。當時對於佛教，雖常居於劣位，但其潛力之異常強大，亦不可否認。今日佛教雖萎微不振，而關係道教之廟祀，仍爲國民信仰之中心而不衰者，卽因其潛力之偉大也。

再徵於外國之例，印度五千年來之婆羅門教，卽後來之印度教，爲國民思想之根底。二千年前所起之佛教，可謂爲反抗婆羅門教而起之新思想，佛教雖一時極其隆盛，今在印度，殆不留其片影，而印度教獨臻全盛。蓋表示印度國民之思想者，乃印度教也。道教亦表示中國國民之思想者。然則道教發達之歷史，不得不謂爲中國文化史上之最重大者。予因此意義，認爲研究南北朝之道教，與道觀祠廟之建築，甚爲重要。茲依佛教大年表蒐錄與當時道教有重要關係者數項，以爲參考之一助。

道教關係事蹟	年代
晉道士陳瑞自號天師而謀亂	二七六
道士盧悚自稱大道祭酒而謀亂	三六六
魏建天師道場於京師東南	四二七
魏建道壇於州鎭建祝壽道場於天下之佛寺	四三一
魏帝登道壇受符籙	四四二
魏道士寇謙之卒	四四八
魏移道壇於洛外改爲崇虛寺	四九一
梁武帝捨道教歸佛教	五〇四
邵陵王綸捨道教歸佛教	五〇五
梁廢天下之道觀道士	五一七
魏會釋道二教之門人使對論於禁中	五二〇
梁道士袁敢衿起亂伏誅	五三九
北齊廢道教	五五五

北周定三教之位次先儒次道後佛	五七三
北周廢釋道二教毀佛經使沙門道士二百餘萬還俗	五七四
北周許立佛像天尊像	五七九
北周復釋道二教	五八〇
隋帝幸道壇見老子化胡之像怪之使沙門道士論其本	五八三
道士李士謙卒	五九二
毀佛像天尊像者以大逆不道論	六〇〇

（五）陵墓

關於南北朝時代之陵墓，史籍無徵，遺物亦少，對其制度與式樣等，欲考察一般的通性，頗感困難，今日吾人所知者，僅南朝梁宋代之實例耳。關於齊陳隋各朝之陵墓，尙無知者。北朝方面則完全不知，只聞北魏陵墓在今山西省大同城，卽當時魏都平城之東北郊，其眞僞不詳。洛陽之存古閣，有一神道石柱之斷片，其全部已不可見。今僅對梁之陵墓，加以說明。但非欲由此以推察其他各朝陵墓也。

關於梁代之墓，予亦略爲踏查。就其現狀，作第八十八圖。梁蕭侍中之神道，石索中已有石柱之圖，加以評解，其文如左：

梁蕭侍中神道石柱題額，在江寧府朝陽門外三十里花林田間。南向，額如牌匾，四周有連枝花紋，高二尺，廣四尺。中刻梁故侍中中撫將軍開府儀同三司吳平忠侯蕭公之神道，字徑三寸，反書，石柱高二丈，周圍八尺。梁武帝普通四年，蕭景爲安西將軍郢州刺史，卒謚曰忠，史作中撫軍，蓋脫一將字耳。其字反刻，欲正面之內向也。其柱用一已變石闕之制矣。

又六朝事蹟編類卷十三有云：

南史梁吳平忠侯蕭景字子照，謚曰忠，墓在花林之北，有石麒麟二，石柱一，……（下略）

其式樣之珍奇觀圖自明。此在一石柱上嵌裝題額，字爲反寫，而以左文刻銘，其理由石索解爲欲使文字向內方者。不用雙柱而立一柱，謂爲一變古來石闕之制者。

予於明治四十年十月，訪此石柱，調查之結果，知石索所說全誤，茲先記述此陵墓之規模及石柱石獸之狀態，次及其他之實例。

南京太平門外約三十五華里，通棲霞山本道，有地名花林，又名花嶺，在街路之左，約距三百二十尺，建一石柱（第八十九圖）。由石柱之前，約百十尺之地點，向右約距六十六尺，有一石獅，向左而立，半埋於地中（第九十圖）。此外無遺物。石柱之後方，約三百數十尺之地點，有墳丘之跡。

第八十九圖　蕭侍中神道石柱

石柱基部，埋沒於地中，現於地上之柱身，非正圓而爲大圓面之角形性質。直徑二尺三寸一分，周圍七尺四寸。地上部份，至六尺九寸之處止，刻二十四條之溝，手法如希臘多利克式柱，上無卷殺（Entasis），而繞以寬四寸之帶，帶之表

第九十圖 蕭侍中神道石獅

面，有雙龍相合之浮彫。其上有寬三寸八分之帶紋。更於其上置臺，臺上雕刻三鬼，以支持題額。題額高二尺二寸二分，寬三尺二寸，厚八寸，表面之周圍，繞以寬一寸六分之輪廓，其中刻北朝式忍冬之花紋，兩端有微妙之人像華紋等之毛彫，銘文由右向左刻之，其右方數十尺之地點，當別有一石柱，故銘文作此式而與之相對也。凡相對者有種種之形，一方正字，一方反字，亦爲一種之相對手法，予對此見有三種實例如次：

(甲)右方正字而左書，左方反字而右書。

例 本篇梁蕭侍中之神道石柱。

(乙)右方反字而左書，左方正字而右書。

例　江蘇省丹陽縣太祖文皇帝之神道石柱。

（丙）左右皆正字，右者左書，左者右書。

例　江蘇省句容縣梁南康簡王之神道石柱其體裁如左。

甲

之神道
忠侯蕭公
三司吳平
開府儀同
中撫將軍
梁故侍中

梁故侍中
中撫將軍
開府儀同
三司吳平
忠侯蕭公
之神道

乙

神道
帝之
文皇
太祖

太祖
文皇
帝之
神道

丙

南康簡王之神道
軍開府儀同三司
梁故侍中中軍將

梁故侍中中軍將
軍開府儀同三司
南康簡王之神道

柱之上部，不作深溝，而雕出細胡麻殼，其上冠以如笠之蓋。其大據目測直徑約四尺六寸，左右高約一尺八九寸，輪廓爲壓扁之鐘形，表面雕有蓮花，其瓣數似爲十八。蓋之頂上，立獅一疋，張胸垂尾，開口吐舌，高約二尺五寸，長約三尺。自地上至獅頭之上端，總高約十六尺五寸。石索謂高二丈可謂適中。

石柱前方右側之石獅，原當爲一對石獸，而只存其一。予在此獅之左方約六十六尺，卽石柱前方約百十尺之地點，果見左獅之半體碎片，埋於地中。右方之獅與石柱頂上之獅同式，長十一尺五寸，寬五尺。其在地上者高六尺。其最堪注目者，爲有翼，卽翼獅也。翼獅在西亞地方常見之，尤以巴比倫亞述波斯爲多，印度亦不少。中國亦於龍門石窟內及他處見之，其爲西亞傳來者無疑。而漢高頤墓前已有石獅（九十一圖），蓋其來久矣。

然則石柱由何地傳來乎？予認爲印度式。印度自阿育王以來，每隨佛教建築而建立石柱。印度之石柱，多於高圓柱上，冠以波斯印度式鐘形之柱頭，上載靈獸與輪寶。靈獸中以獅子爲最多。蕭侍中之石柱，可認爲具備印度式之條件，此終不能認爲由中國固有之漢代石闕變化者。此後南北朝

第九十一圖 四川雅安益州太守高頤墓前石獅

建築性質之章，當補足說明之。

自蕭侍中之墓，順棲霞山街道，約行不足兩華里至黃城村，路之左方，有梁忠武王之墓。始與忠武王，爲武帝第十一子，普通三年薨。予踏査之，知有一對石獅，相隔約五十九尺。右方者殆完全存在，長十尺六寸，寬五尺七寸，左方僅存破壞之斷片。次隔四十九尺之後方，當有碑一對，立於龜趺之上而相向。但左方全無痕跡，右方龜趺，沒於地中，其碑完全存在，高十五尺，厚一尺，龜趺長十尺五寸（第九十二圖）。碑甚壯大，具備當代之特色，尤以稱爲穿之圓穴，穿於上部，最堪注目。題額爲「梁故侍中司徒驃騎將軍始興忠武王碑」。碑之後方，更距四十九尺，又見有碑一對之形跡，右方僅存埋沒之龜趺而碑已失，左方完全廢滅，不見神道石柱。由此例推之，蕭侍中之墓在石獅與石柱之間，當亦有石碑也。

鄰接忠武王墓之右，約距一百四十二尺，更有他墓，只存一對石獅，其他悉湮滅。左右石獅之足，皆沒於地中，地上高十尺許，長十一尺，寬五尺五寸。兩獅相距四十九尺，其爲誰墓不明，殆梁永陽昭王之墓，或永陽敬太妃之墓也。

自此處順棲霞山街道更行不足一華里，名甘家巷。當民家之後，路之左側，有梁安成康王之墓，完全存在，此爲考察當時墓制之最好資料。第八十八圖中之AE，爲一對獅子，殆全身露出。第九十三圖，爲左方A之獅子，長十三尺，胸寬五尺，高至頭上十三尺。BF爲石碑，兩碑僅存龜趺而碑已失。龜趺半沒於地中。CG爲石柱，C之蓋與頂上獅子已失。G碑則僅臺石，大部分已沒於地中。吾人由此等遺跡，得知蕭侍中石柱中所不知之部分。其構成之法，先於地上，置二重方盤石，下寬五尺六寸五分，高五寸，上寬四尺七寸，高一尺三寸，其上置靈獸二疋，組合成臺，高一尺三寸。雙獸之臺，略作圓式，直徑殆與上盤之大相同。石柱立於其上，周圍七尺，高八尺二寸，有溝槽二十條。其上高一尺五寸之部分，

第九十二圖　梁始興忠武王碑

第九十三圖　梁安成康王墓前石獅

第九十四圖 安成康王神道石柱

有雕刻的裝飾，其上載廣二尺七寸之題額，其上部則已欠損，然可由蕭侍中之石柱而知其形式。D H碑皆完全存在，但文字與花紋已不明瞭；高十五尺，厚一尺九寸，龜趺長十尺，寬五尺，高三尺八寸。其中八寸爲臺之高。I爲G石柱頂上之小獅墜落者，大半沒於地中。茲有應注意者，左右相對之石獅石碑石柱等，皆不並行，常前廣後狹，此定爲設計者苦心之結果，爲當代陵墓重要之條件。

更行少許，棲霞山路與鎮江路分岐，左入鎮江路不遠，達葯師庵，距甘家巷約二華里。自此處向左行約半華里，有梁代式樣之墓，亦有石獅一對，相距六十九尺。獅子之長十尺，寬五尺，高露於地上者八尺，次三十九尺之後方有石柱一對，但僅存臺石石柱相距四十二尺，左右列作八字形，後方奇狹。石柱之後，方二十二尺處，可認爲有碑一對之形跡。左方僅存龜趺，右方完全湮滅，此爲誰墓不明，但既與前記忠武王墓之右鄰相背，則非梁永陽敬太妃之墓，卽永陽昭王之墓。

第九十五圖　梁臨川靖惠王神道石柱

由棲霞山路與鎭江路之分歧點，右取棲霞山路而行，少許路之右方，望見石塊一對，其爲石碑或石柱不詳，或云此爲齊侍中尚書令巴獻武公之墓，果爾，則此實齊代唯一之遺跡，他日有詳查之必要。

南京外城之外，仙鶴門與麒麟門之間，有梁靖惠王之墓，其第一石獅，在左者倒仆而半沒於土中，右者已不見，獅長十一尺，高九尺二寸。其後方約三百六尺，有石柱一對，在左方者（第九十四圖）亦仆倒，在右方者自蓋以上已盡失，然仍直立（第九十五圖）。石柱之手法與安成康王之石柱，殆屬同樣。柱上有二十八條溝槽，題額廣四尺九寸，高一尺九寸，厚一尺。自最下部之盤底至蓋之下，凡二十尺一寸，石柱後方十四尺八寸之地，立碑一對，相距五十九尺五寸。右方之碑，完全保存，龜趺在地上之部分，高一尺四寸，碑高十四尺五寸，寬五尺三寸五分，厚一尺三寸。碑之形式，全與忠武王之

第九十六圖 洛陽存古閣藏石柱斷片

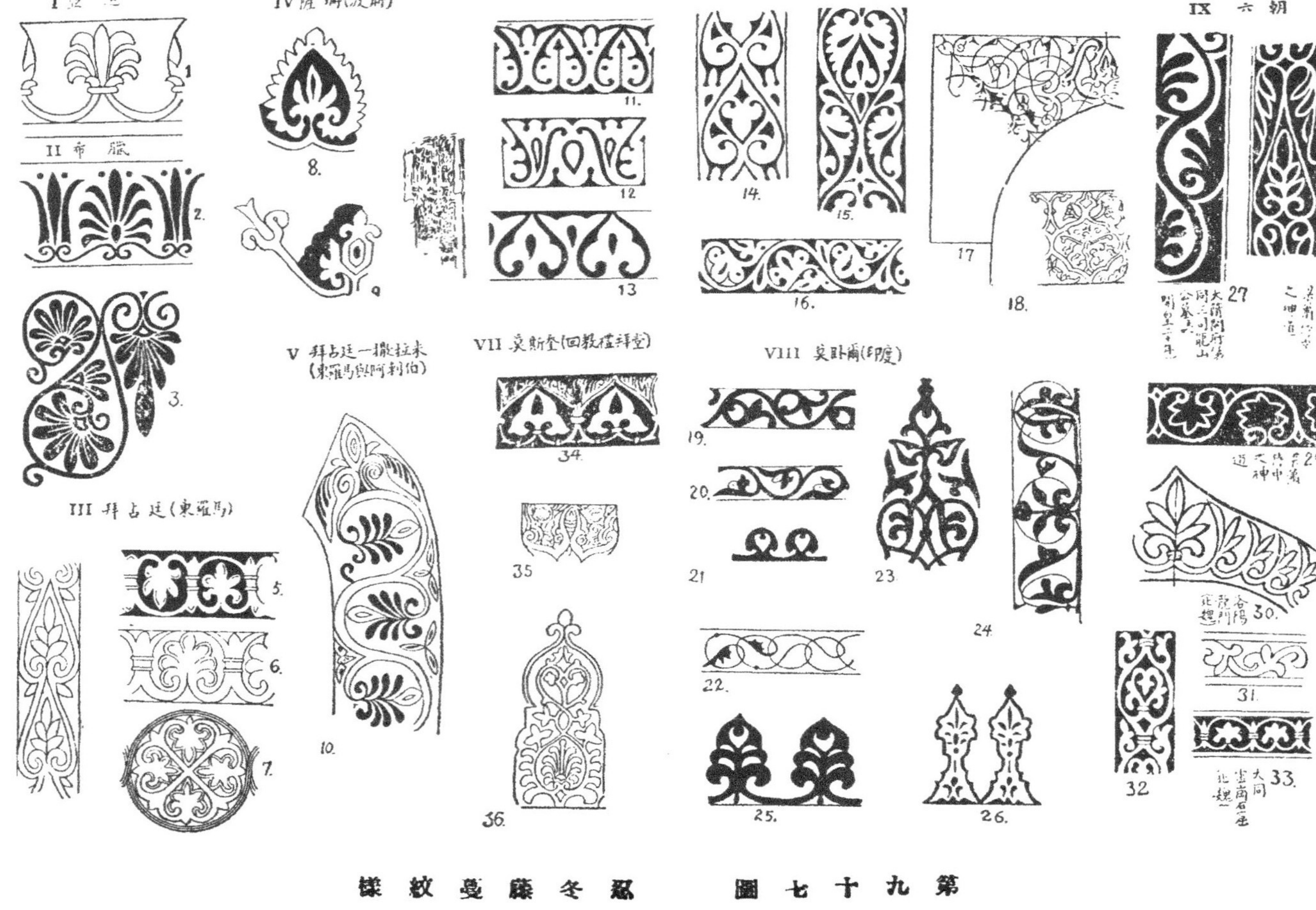

第九十七圖　忍冬藤蔓紋樣

碑同，碑之後方約一千二百尺之處，有小丘，此或爲墳丘，亦未可知。靖惠王爲梁太祖之第六子稱爲「假鉞侍中大將軍揚州牧臨川靖惠王。」

除以上諸例之外，據史籍考之，仍有若干遺例，但尚未介紹於世。近頃關野貞博士，調査丹陽縣句容縣方面，有若干發見，將陸續公表於世。要之據以上之實例，梁之陵墓之細部，雖各有若干差異，其一般之制，則大略相同。宋齊陳各朝之陵墓，恐亦與此同式，不過手法有若干相異耳。

北朝系陵墓之形式，雖未見其完備之遺例，但與吾人以絕大之暗示者，爲收藏於洛陽存古閣之石柱斷片（第九十六圖）。柱上不用溝槽而用胡麻殼，上施繩帶而於其上置題額，惜其銘已缺損，不能知其全部。只存「齊故散騎□侍驃騎將軍南陽堵陽韓□□□神道」據此只能知齊之國號，與南陽堵陽之地名，此石柱爲北朝遺物無疑。堵陽即今之古城，在由河南省南部之南陽向東南直徑約二百七十華里之地。其地初爲魏之領土，後爲北齊之領土。然則此石柱本在堵陽附近，後移於洛陽保存者。或謂此柱之式樣，爲南朝之式，齊爲南朝之齊。韓氏之墓，本在南方，不知何時運至洛陽。要之此石柱爲南朝之物云此乃假定南北陵墓之制互不相同者之說也。予則由此斷片，認爲當時陵墓之制，南北同式。至於周漢陵墓之制，何故一變為南北朝之式，原未敢遽下斷言，要之西方乃至印度之文物，與佛教同時傳入，遂變化其細部之手法，是為重大之原動力。

（六） 裝飾花紋

南北朝時代之裝飾花紋，亦與建築之式樣手法相同，可分為中國固有之傳統者與新由西方傳入者二大系。中國固有之傳統者，即周漢之繼續，根據陰陽五行說與吉祥之意義者，其種類，其構圖，其表現等，已於前章略述之矣。外來之新裝飾花紋，皆隨佛教而來，當然帶有印度乃至西亞之趣味，不似周漢之硬固倔宕，概流暢而活躍飛動，有縱橫無礙之勢。茲專就外來系中之若干種類說明之。

花紋，普通可大別為自然的及人工的二種，自然物更分為動物植物天文地理三類，人工的物件，分幾何紋人事紋文字紋等數類，此為普通之法則。今欲由此法則與順序，悉數說明南北朝時代之裝飾，亦頗困難。故只對於建築物之裝飾說明之，而取前記諸石窟寺與墓石等所適用者為主要材題。

動物一類。吾人最常見者爲龍鳳及靈鳥，獅子及靈獸。龍鳳爲中國所固有者，龍鳳自後漢始見之，鳳自周已有之。而其形體之完整，則自南北朝始。龍常用於諸石窟寺券之內輪，與梁之石柱之橫帶及碑之螭首等，較之見於後漢之闕與碑者，已進一步。一線一畫，悉皆活動，有緊張之相貌及銳而有力之四肢，誠可謂練達之藝術也。鳳及其他靈鳥，亦見於雲岡龍門等石窟寺之券腳，與佛像之背光，及殿堂之屋上。此雖不似龍之表示神祕的威力，但較周漢之手法，已甚自由而多變化。

獅子在諸石窟中，常用於佛龕柱礎之下與墓志銘之下部等，其作獨立之雕刻者，見於梁代石柱之頂與梁代之神道，即墓道之入口作爲儀飾而與石柱同立。後漢之獅，近於寫實，有穩和之相。南北朝之獅，多具勇猛或奇怪之貌，其姿勢有誇張之氣，不似後漢之淳朴。其有翼之點，尤堪注目。關於翼獅，已如前述，當起源於西亞。石獅中之最可珍貴者，爲梁之陵墓之獅，張胸引領，前肢蹈出，反身吐舌，睥睨前方之姿勢，無論何地何時，無與倫比；而其線又簡而強勁，洵稀有之作品也。

梁代神道，石柱臺上之靈獸，雖不知爲何物，但線條柔軟，與彎曲之軀體相應，而具高邁之氣品，令人稱歎。敦煌壁畫中，有巧爲圖案化之馬，簡而得要，以一掃之筆，致寫出動靜之姿態，手腕甚爲輕妙。

植物系之花紋，全爲西亞傳入者，佔南北朝時代花紋最重要之部分，而皆屬於忍冬藤之系統。與日本飛鳥時代賞用之特殊藤蔓，卽所謂飛鳥唐草（唐草爲日本花樣之名，描刻種種藤蔓形狀者，唐時傳入彼國，故名）者完全相同。關於忍冬藤之起源及發達，茲因使其系統一目了然，將予所作之略圖，再錄於左（第九十七圖）。此圖實甚殊略，尚有充分補足改訂之必要，其材料仍宜作相當之蒐集，匆促登載，不無遺憾。

日本飛鳥之藤蔓，在中國應呼爲南北朝藤蔓，其淵源遠在埃及與亞述，至希臘而大成，此乃人所共知者。因希臘文化之東漸，此種藤蔓，亦隨之而入中央亞細亞，終至傳入中國，是說早爲公衆承認。然吾人有不能釋然而有一疑問者，卽此種藤蔓，在南北朝佔非常之勢力，無論何物，皆賞用之，此何故耶？建築物、佛像、碑碣、及其他金石工，已不待言，他如花雲火焰等，亦爲此藤蔓之變態，衣裳之輪廓，亦用此藤蔓之曲線而呈活氣，是何故乎？此雖可認爲西亞之感化，但自中央亞細亞以西，雖亦用之，但未見如是濫用。犍陀羅與中印度更不多見，然則入中國之後，由漢族與五胡之愛好，乃如是發展乎？若然，則漢族與五胡，又因何故而愛好此種藤蔓乎？此乃吾人所急欲知而未能知之一疑問也。

第九十八圖　石枕

予以爲南北朝藤蔓之氣味，與薩珊朝波斯忍冬藤之氣味，一脈相連，曾調查波斯之忍冬藤。但波斯之實例，乃專用於染織工者，建築物之遺構極少。其內外之裝飾，殆皆歸於湮滅。此方面之資料，得之甚難，故終不能得預期之成績。犍陀羅藝術中，南北朝藤蔓，異常之少，不能充分說明與中國有何聯絡，至中印度尤無良好事實。於是南北朝藤蔓之起源終葬於曖昧之中。

南北朝藤蔓運用之廣，變化之妙，使人不可端倪。若欲蒐其種而分其類，一一加以解說，終非短時間之所能茲只舉其二三實例，使人知應用之如何普遍耳。第九十八圖，爲日本京都帝國大學文學部所藏南北朝之石枕，其表面有陽刻之藤蔓，最爲正格，諸佛像之背光與龕上部之印度式劵內多見之。第九十九圖，爲龍門賓陽洞內本尊背光中錯雜之藤蔓，驟觀之，似與南北朝藤蔓無關係而爲特殊者，然細觀之，則知其爲複雜化之南北朝藤蔓，此種類例，雲岡石窟內隨處有之，第一百圖及第一〇一圖爲北響堂山石窟之

第九十九圖　龍門賓陽洞

第一百圖　北響堂山第一窟

第一〇一圖　北響堂山第二窟

劵之花紋，又爲南北朝藤蔓之更變化者；花瓣異常重厚，雖稍失尖銳勁健之勢，但新發生豐滿優麗之氣分。尤其是屬於隋代者，距南北朝之眞味漸遠。然式樣與趣味，雖隨時變遷，而其惰力有不能不認爲永潛在於後代也。

要之南北朝植物系之花紋，殆皆可認爲南北朝藤蔓之正型或變型，惟有數種不明本體之植物花紋，今不遑記述。天文地理系之花紋，有飛雲與山等。幾何式之花紋，有幾何化之花紋與鋸齒紋卍形紋，及其他若干類例。人事文之有花紋化者，人像甚多，此寧視爲繪畫之性質。對於此類諸問題，亦從省略。只對於卍形之格現於欄杆之中者，爲雲岡及龍門，與日本法隆寺完全相同，特加注意。

尤有一特殊之例，卽漢式花紋之南北朝化者，第一百〇二及第一百〇三圖，卽其例也。此爲北響堂山第一窟南端碑上之花紋，此物屬於隋代，但風調則近於唐。其上端現南北朝固有之天蓋形，其下滿布鬼與龍錯綜組合之花紋。其構想，其運筆，實有旺盛之氣魄。此種花紋，原爲周漢以來常用之材題；但周漢之硬的氣分，一變而爲飛動的，線之性質，亦含有南北朝式之意味，更隨處暗示南北朝藤蔓意味之形。與此屬於同型者，爲碑之螭首。關於碑之變遷，當特設一項敍之，茲從省略。但漢代

第一〇二圖　北響堂山第一窟

第一〇三圖　北響堂山第一窟

之暈，或僅進化。爲龍之暈，至南北朝，則成完全之螭首，其下亦備完全之龜趺矣。關於此事，可參考陵墓之部。

（七）南北朝建築之性質

（a）總說

南北朝建築，除中國固有之建築外，又加新來之佛教與西方之建築。在中國建築史上，劃一新紀元，故南北朝建築之研究，在中國建築史中，最當重視，同時又爲最有興味之問題。不獨在建築史上爲然，卽在一切之美術工藝上亦然。其眞相如何，各專門家雖交換種種意見，但確乎不拔之鐵案，至今未定。此因關係諸國，方面甚多，各國與中國藝術上之關係，可以具體證明之資料，今日尙不充分故也。

與中國南北朝時代有交涉之西方諸國歷史與其遺物等，自三十年前，已有長足之進步。尤以中國土耳其斯坦，卽今新疆各地方之調查，有偉大之效果。歐戰停止以前之重要探檢年表如左：

探檢者	地方	年代
Bower（英）	庫車（龜茲）	1890
Hörnle（英）	庫車附近	1893
Kremenz（俄）	土魯番（高昌）	1898
Stein（英）	于闐	1900——1901
Radloff（俄）	——	1901
Grünwedel（德）	土魯番 庫車	1902——1903
Le Coq（德）	塔里木河北岸	1904——1905
Stein（英）	敦煌	1906——1908
Pelliot（法）	敦煌	1906
大谷光瑞	塔里木河流域	1902——1914
Oldenburg（俄）	——	1909——1910
Le Coq（德）	——	1912
Stein（英）	新疆 帕米爾 地方	1913——1916

由以上發見遺物之大多數，爲唐以後之物，屬於南北朝者，本屬甚少。然由此亦可知其地文化之性質，與史籍參合，亦可爲考查南北朝時代藝術眞相之資料。

其他如西亞細亞與印度之研究，亦與年俱進。以是等爲基礎，亦足以討究南北朝藝術之源流。至今已往之專門家，對於釀成南北朝藝術之原素，或謂在中印度，或謂在犍陀羅之大月支。然無論如何，介在其間之新疆諸小國，必爲其媒介。此說原爲正論，但只此尚未悉知耳。例如雲岡石窟寺之佛像，或謂爲印度笈多時代之作法，或謂屬於犍陀羅雕刻之系統，終爲未盡明瞭之議論。予欲述予之所見，乞方家指正，但恐不免不完全之憾耳。

(b)當代中西亞細亞之藝術

予嘗敍述鄙見之先，以爲先當知中國鄰近各地當時之狀態。然欲徹底的闡明，雖東洋史專家，亦非易易，更非予輩門外漢之所能。茲祇對於中西亞細亞文化史上最重要諸國，略記其建築藝術性質之概要。

第一爲西藏，卽五胡十六國時代氐羌之國也。羌之姚氏，建後秦，都長安。氐之苻氏，建前秦，亦都長安。呂光建後凉，都姑臧。李雄建成，都成都。彼等之故國，蓋在今之甘肅西境乃至青海方面，而遠及西藏。彼等曾侵入中原而爭雄一時。西藏之古代文化，予輩學淺，尚未知之。其國民夙稱爲西戎，以獰猛勇敢聞於漢土。山中多鑛產，尤以玉出崑崗著名。因崑崙山系爲玉之產地，而輸出於漢土也。其地雖險阻而無沙漠，平野中有蔬菜，牧畜亦有相當發達，故其文化亦有若干可觀，誠事實也。由西域經由漠南入中原者，必經西藏之北境，不僅接觸其文化之片鱗，且到長安之前，必常行於西藏民族部落之間，而彼等則皆佛教信者。

玉門關外之立國者，大小凡數十，就中史上著名者，爲龜茲，高昌，焉耆，鄯善，于闐，疏勒，等，皆在通西亞或印度之道程之內。由今日在各地發現偉大佛跡觀之，則知往昔之文化，必非低劣，而爲佛教之篤信者。

葱嶺以西，卽今之俄領土耳其斯坦地方。在南北朝前半期中，大部分爲大月支之領土。大月支以犍陀羅之布羅沙補羅爲首都，遠至中印度恆河流域之大國也。其文化之性質，已爲世所周知，曾被呼爲希臘印度式，或希臘佛教式。大月支入南北朝後半期時，被嚈噠所滅。嚈噠乃屢次入貢於北朝者。

俄領土耳其斯坦之西南隅，卽面裏海東南隅之地，當時爲安息國，卽帕提亞國，亦屢通中國。自漢代與中國親善，亦佛教國也。據史傳，帕提亞起於公元前二五〇年（周惠王六年），至公元二二六年（蜀建興四年）爲薩珊朝之波斯所亡。然安息國仍保有首府喀通坡利斯（和櫝城），綿延至南北朝之末葉。安息有龐大之版圖，雖滅於波斯，其一部仍保有故土。帕提亞之藝術，爲稍帶希臘風之羅馬式。試觀美索不達米亞之 Al-Hadhr 與 Warka 之遺跡自明。然則自漢以來通中國之安息所齎之文化，亦可認爲羅馬式。此雖無的確證據，由理推之，當如是也。

薩珊朝之波斯，亦與中國有親善之關係，其交涉至唐時而重要，南北朝時亦屢屢入貢。波斯之建築，有特異者，一面繼承亞基美尼時代（薩珊以前之王朝）之傳統，一面示羅馬的色彩，而拜占廷建築受之波斯者甚大，亦世所周知也。波斯對於裝飾（Ornament）花紋之意匠，有天賦的技能，亦屬顯著之事實。波斯對於中國影響之深厚，不難想像。東羅馬（卽拜占廷）帝國之文化之優，爲世人所知，則其藝術及於中國之影響，已有證明之事實矣。

返觀印度方面，當時五天竺間建國甚多，若一一說之，原屬困難，其在北方誇强盛者爲笈多朝，稱爲佛教全盛時代，而西北之大月支，已過隆盛之期，被笈多朝壓迫，至第五世紀之末，殆已滅亡。但其藝術之傳統，仍能保存命脈，不失所謂希臘印度式之特色，罽賓雖隨時代而漸變其位置，要皆在今迦濕彌羅地方。大月支全盛之時有其領土，其藝術亦當遵奉大月支之式樣。罽賓原亦自有特殊之地方色彩，且含泰西古典式（Classic）趣味，觀第七八世紀頃之遺物自明矣。南印度方面當達羅維荼族諸王國之時，其在藝術方面，尙未能完成所謂達羅維荼式特色，此可推測而知也。獅子國卽錫蘭，以阿努拉達布羅爲首都，佛教藝術達於高潮時代，但其性質，仍酷似中印度。

後印度方面，大體爲今緬甸地方之驃國，暹羅地方有扶南，安南地方有林邑，此等國之藝術，亦皆印度系，當然爲佛教的乃至印度教的。而其影響，專及於中國南部，已不待言。

若由中國西部南部諸國之文化考察其具體的表現之建築，及建築的藝術如何影響於中國南北朝時代之建築，以闡明南北朝建築眞相之由來，本非易易。今予惟述所見之要點，自知極爲簡略，幸高明諒解之。

(c)南北朝建築之分析

予曾就前述南北朝時代建築之遺物精細調查其式樣手法裝飾等，分析之而求其原素，欲由是推知南北朝建築之成因；雖其成績，不符豫期，然大體似已略得要領。若他日更得豐富之材料，更加以周到之分析技術，得補今日之不足，以正今日之誤，則幸甚。

分析之結果，知構造的建築之顯著者，當然漢式在全體中殆佔全部。然其細部之手法，亦見有若干異國的氣味。例如嵩岳寺之塔，塔之初層各面龕子之劵之式樣，爲印度式，然非純粹之印度劵，乃若干中國化之印度劵也。柱之手法，亦非普通之中國柱，可認爲屬於波斯印度式之系統。裝飾的手法，則有印度乃至西域方面之情味。

至石窟寺則與之相反，與其謂爲中國的原素，寧謂爲富於西方趣味。第一鑿巖壁而造寺院，即非中國式。其法自公元前二百年頃已行於印度，爾來約繼續一千年之久。彼有名之阿姜陀愛路拿那西克等大小實例，不遑枚舉。中國之石窟寺，當然認爲受其影響。姑無論中國當太古之時，亦有土窟之住家，此因缺乏樹木地方，爲防酷暑嚴寒計，而自行發明者。若謂石窟寺爲穴居之進步者，原無不可；惟儒教道教之宮殿，殆無石窟，只佛寺有之，則不得不認爲西域傳來者。尤以丘陵一帶之半腹，并列大小窟龕，長達數百尺乃至數千尺之奇觀，明爲模仿印度也。

窟內之體裁，不必與印度同式，彼此有酷似者，有不同者。總之印度之窟寺，初期以僧房爲本位，後期者雖以佛殿爲本位，但其中仍備幾個僧房者多。中國之石窟寺，則常以佛像爲本位，其內未見有備僧房者。結果印度之窟寺，規模宏大與建築性質充實者多，中國之石窟，平均較印度之規模爲小，建築性質不充分者多，但雕刻的性質與繪畫的性質，則凌駕印度。大堪注意。

佛像之雕刻的式樣，未遑多論。要之南北朝佛像，大體上略有一定模型，已爲世所默認。然詳加考察，其間仍認有幾種異型。大別之，一爲犍陀羅型，二爲中印度型，即笈多型，三爲加入中國化之型。雲岡與龍門佛像，乃此三種混合者，松本文三郎博士，謂雲岡諸佛像爲笈多式，不認有犍陀羅式。關野貞博士謂非絕無犍陀羅趣味，但甚輕微。但予不贊成此說。

茲再研究諸窟寺之建築手法，其屬於印度系者，第一爲劵。劵之種類甚多，其大多數，屬於所謂印度式劵型。其外輪有美好之尖頂複曲線，內輪有稍似楕圓之單曲線。兩輪之線，近左右兩腳，漸次接近，其末端向外捲而終以渦線此部份往往有龍鳳及諸花紋，內外兩輪之間，或有飛天或其他花紋。此非印度型，當更遠溯於西亞。又有花紋與小佛像並列者，則全爲印度趣味。與券有關聯而當考察者，爲覆鉢其實例見於北響堂山。半球形屋頂素行於極西亞細亞波斯印度等處，或由彼處傳入中國者，但以印度傳來之說爲穩健。柱亦往往有現印度趣味者。柱之礎盤下置獅子，柱頭冠以印度乃至古代波斯式之鐘形，更於其上置重疊之厚盤。此種手法可云全爲印度型。然其起源若出自敦煌雲岡所見之鼓形結花，則問題更爲複雜矣。此鼓形結花式之手法，亦附加於其中央實極有趣之意匠也。此種手法不見於印度，其他西亞地方亦未曾發見。柱以侏儒支承之，侏儒之下置獅子，其爲印度式不待言矣。卷殺之柱未之見，但雲岡有極粗笨帶卷殺意味之柱，當然出於希臘系。

龍門之龕下，有石欄樣之手法，此亦可視爲印度式。自地面與門衡之間，有二根直木，不用格而並列小佛像，手法甚巧，可謂用印度式之入妙者。

可認爲犍陀羅系之手法者不多，然亦曾見於重要之部分，卽所謂梯形券或梯形楣也。梯形券在犍陀羅建築中，喜常用之，此爲周知之事實。南北朝石窟中，尤以雲岡與龍門爲多。但犍陀羅與南北朝手法，略有不同。犍陀羅夾有泰西古典式（Classic），梯形曲折可觀；南北朝普通於適當之小屋，隔以梯形帶而加雕刻於其中。但北朝石窟寺之梯形券，可認爲犍陀羅型，當無反對者也。

可認爲受波斯之感化者，雖有若干裝飾花紋，而其顯著者，則在唐以後。

可認爲出自泰西古典系者，第一爲雲岡之愛奧尼亞式柱頭，與科林多式柱頭。其由何處經何路傳入，雖未知之，但認爲自犍陀羅傳來，似爲合理。何則？因在犍陀羅曾發現壯大之愛奧尼亞式柱頭也。至科林多式柱頭則太多。所可怪者，自犍陀羅至雲岡中間之石窟寺及寺院廢址中，未聞發現泰西古典型之柱頭。他日或能由中央亞細亞發見此種柱頭，雖未可知，要之犍陀羅之科林多式柱頭，與雲岡之柱頭，顯有差異，則事實也。此當如何解釋耶？據予調查之結果，西亞建築之斷片（君士坦丁堡博物館所藏），與雲岡之科林多式柱頭，異曲同工。予以爲雲岡之手法，殆由東羅馬經波斯安息土耳其斯坦傳入者。又雲岡之科林多式柱頭，由其用途上觀之，有人不認爲柱頭。但予仍認爲柱頭，即令非普通之柱頭，要亦無容多疑。因其柱頭之忍冬，大堪注目也。

柱上刻溝槽之手法，梁之神道石柱，已甚顯著。龍門石窟亦見之，此由何處傳來乎？南朝方面之佛教藝術，其始由北方傳入，後直接由印度渡海傳入，此柱之式，究由北來，或由南來，實爲一問題。在印度方面，約在罽賓第六七世紀之祠堂，及其以後之建築，曾用此式之柱、中印度自第五世頃，見此手法，觀阿姜陀石窟自明。南印度稍後亦有此種實例。然則梁代石柱之手法，或由罽賓方面，北轉而入中國，或由中印度南行而傳入者。但雖南行，又可認爲未受扶南林邑闍婆等之影響。何則因此等諸國之文化，當時尚幼稚故也。凡藝術皆以由高潮地方流向低度地方爲原則，此種溝槽式之根原，當認爲泰西古典式建築。人形柱之手法，在龍門曾見其實例，但可認爲犍陀羅傳來者。

其可認爲中國固有之原素者，第一爲屋頂。石窟內壁上雕刻之殿堂，屋頂皆爲同式，屋上雖有微曲之線，但多爲直線，簷亦水平，而絕無捲式。屋脊之兩端，必有鴟尾，中央立鳥，更於其間加若干裝飾。簷之捲式，始於南北朝之末，或下至唐初，今已爲普通公認。但近頃對此又起疑問，最近收容於東京大倉集古館之晉代佛（第百四圖），本河北涿州永樂村東禪寺之物，傳聞此寺當東晉時代，祝劉備之冥福而建造者。裏面之雕刻（第百五圖），頗爲奇異。由其地理的位置觀之，可視爲慕容儁前燕時代之作。其裏面雕刻，表示何物，難以索解，惟在其中軸之上下二殿堂與左右之塔，其屋頂之

第一〇四圖　晉代佛像　東京大倉集古館藏

第一〇五圖　佛像背面

隅，皆激而卷上，使人思爲卷上之簷式，自晉代已大成矣。然而當注意者，彼之簷並不卷上，仍爲水平，僅在簷端加上拳曲之裝飾物耳。此附加物之形狀及手工實與鴟尾完全同工，皆不過爲裝飾物而非屋頂之一部可知。是故簷之卷上，必在南北朝之末唐之初時，此說迄未動搖也。

隨處發現與殿堂有關聯之枓栱，多爲一斗三升及人字形鋪作之連續。漢代複雜之枓栱既已發達，當時盛行一斗三升以上之組織，今不能舉證其理由。其欄杆與見於日本法隆寺伽藍者完全無異，此亦雲岡之所曾見者。

雲岡與龍門窟內雕有十數塔。其形式雖不同，但概爲多層塔作正方形，其輪廓爲直線的，而上部較細至如嵩岳寺之塔作礮彈狀曲線者，則終未之見。雲岡之例，不論單層或多層構造物之頂上，有載印度式窣堵婆者。窣堵婆之塔身下，附有忍冬雕花，其方法與科林多式柱頭同。但龍門方面不見此手法，蓋隨時代推移者。

日本法隆寺金堂內天蓋之起源，有謂當出於西藏者，平子鐸嶺氏曾唱此學說。今將具體證明之。與彼天蓋同式之物，南北朝時代普通多用之。但印度及西亞未見此例。然則其起源，當在自葱嶺之東至敦煌之間矣。然此天蓋之圖案，最初發見之實例，實爲敦煌。初開敦煌石窟者，爲西藏族之苻堅。天蓋之意匠，恐出自西藏人。現時西藏喇嘛廟與宮室之入口上部，與佛像之上，皆懸有似此天蓋之形之布。予由此推定當時西藏文化，已甚發達，對於中國內地，曾與以相當之影響。較其同時據今甘肅新疆方面之匈奴與土耳其族，尤有強大之勢力。可想其與東方之鮮卑相對，爲五胡中二大勢力也。當時西藏族之建國者，始爲都於蜀之成都之成（漢）次爲都於長安之前秦，及都於姑臧之後涼，終爲都於長安之後秦。然則自今之陝西甘肅四川，西至葱嶺，南自喜馬拉雅，北接長城之龐大區域，皆此西藏民族分布之所。故苻堅一時佔領黃河全流域，傳播佛教於朝鮮。予對於此族之文化，不得不重視之。

(d)南北朝建築之東漸

南北朝藝術，乃中國固有之文化上加入西方諸國之文化而釀成者。卽西方諸國之藝術大波瀾，東漸而覆中國全土，與中國固有之波相合，作成特殊之波，更東漸而侵朝鮮，終乃波及於日本。說明此事實者，爲朝鮮之三國時代及日本之飛鳥時代無數之遺物。茲有應注意者，卽由力學的方面研究南北朝藝術東漸之運動是也。原來中國黃河及揚子江下流之沃野，物資豐富，文化早開，四圍之蠻族所常窺窬者也。尤以北方蠻族，爲其生存計，感有佔領中國沃土之必要，一有機會可乘，即南進而侵入中國，此即北狄南犯之運動也。西方之蠻族，亦同此理由，時時窺隙而進出於中國東部，此爲西戎東犯之運動。獨南方氣候炎熱，天產豐富，有自給自足之狀態，不感有北漸而強犯中國之必要。西戎之東漸與北狄南漸之運動，互相衝突，即成五胡十六國之亂，北方之雄爲鮮卑之拓跋氏，西方之雄爲西藏族之氐羌，漢族乃退於揚子江南而守天險。

自西方東漸有如怒濤之文化，縱斷五胡諸國，益向東進，而在南北方向，則無可進之途；若向北進，則與由北南下之運動衝突而消滅，況北方爲蒙古磽确之沙漠寂寥之寒地，文化無可入之機會。欲南向而突進於南海，則二千年來固有文化之漢族，又築有堅城不許侵入。故文化之波，除向東進入朝鮮渡日本外，別無他法。當時朝鮮之北方，已移植漢文化，中南部尚有未開之沃土。南北朝文化，當然在此進出。日本雖亦有文化，但爲未成熟之幼稚文化，故西方文化容易侵入。

如是者，南北朝藝術，以中國北半部爲中心，南方僅波及揚子江下流沿岸之地，至於福建廣東等南海地方，則未能傳播。塞外蒙古方面亦甚稀薄，朝鮮日本，反甚濃厚。而其淵源所自之新疆以西，因探查尚未徹底，故未敢遽下斷言。予希望今後有許多重要發見，使此問題得解決之光明也。

附錄

中國建築史之著者伊東忠太，爲日本工學家，曾親赴中國，觀察歷代之建築物，對於故都宮殿形式，頗有詆諆，曾爲著中國藝術史之德人明斯特爾堡所駁辨，已見於本書緒言第二節中。故此書不能謂爲悉當要之見仁見智各隨乎人，亦非無可資參考之處也。惟此書僅述至六朝爲止，雖所採圖樣，有出於現代者；其緒言第六節史的分類，亦遍論唐宋以至今日，但徵實究有未備。近人朱啓鈐君爲宋李誡營造法式序云：『明仲此書，於制度功限料例，集營造之大成。古物雖亡，古法尙在。……法式所舉，準之遼金塔寺，元明故宮，固多符合。按之明清會典檔案，及則例做法，亦復無殊。益信南宋迄今之營造，靡不由此書衍繹而出。』蓋宋人此書，上承有唐，下啓近代，適可補助伊東著作之不及，故摘錄附於末。

譯者識

營造法式摘錄

壕寨制度

取正

取正之制，先於基址中央日內，置版徑一尺三寸六分，當心立表高四寸，徑一分，晝表景之端，記日中最短之景，次施望筒於其上，望日星以正四方。

望筒長一尺八寸，方三寸，兩罨頭開圜眼，徑五分，筒身當中兩壁，用軸，安於兩立頰之內，其立頰，自軸至地高三尺，廣三寸，厚二寸，晝望以筒指南，令日景透北，夜望以筒指北，於筒南望，令前後兩竅內，正見北辰極星，然後各垂繩墜下，記望筒兩竅心於地，以爲南，則四方正。

若地勢偏衺，既以景表望筒取正四方，或有可疑處，則更以水池景表較之，其立表高八尺，廣八寸，厚四寸，上齊，安於池版之上，其池版長一丈三尺，中廣一尺，於一尺之內，隨表之廣，刻線兩道，一尺之外，開水道環四周，廣深各八分，用水定平，令曰景兩邊不出刻線，以池版所指及立表心爲南，則四方正。

定平

定平之制，既正四方，據其位置，於四角各立一表，當心安水平，其水平長二尺四寸，廣二寸五分，高二寸，下施立椿長四尺，上面横坐水平，兩頭各開池，方一寸七分，深一寸三分，身內開槽子，廣深各五分，令水通過於兩頭，池子內各用水浮子一枚，方一寸五分，高一寸二分，刻上頭令側薄，其厚一分，浮於池內，望兩頭，水浮子之首，遥對立表處，於表身內畫記，卽知地之高下。

凡定柱礎取平，須更用眞尺較之，其眞尺長一丈八尺，廣四寸，厚二寸五分，當心上立表，高四尺，於立表當心自上至下，施墨線一道，垂繩墜下，令繩對墨線心，則其下地面自平。

立基

立基之制，其高與材五倍，如東西廣者，又加五分至十分。

若殿堂中庭修廣者，量其位置，隨宜加高，所加雖高，不過與材六倍。

築基

築基之制，每方一尺，用土二擔，隔層用碎塼瓦及石札等，亦二擔，每次布土厚五寸，先打六杵，次打四杵，次打兩杵，以上並各打平土頭，然後碎用杵輾躡令平，再攢杵扇撲，重細輾躡，每布土厚五寸，築實厚三寸，每布碎塼瓦及石札等厚三寸，築實厚一寸五分。

凡開基址須相視地脈虛實，其深不過一丈，淺止於五尺或四尺，並用碎塼瓦石札等，每土三分內，添碎塼瓦等一分。

城

築城之制，每高四十尺，則厚加高一十尺，其上斜收，減高之半，若高增一尺，則其下厚亦加一尺，其上斜收，亦減高之半，或高減者亦如之。

城基開地深五尺，其厚隨城之厚，每城身長七尺五寸，栽永定柱夜叉木各二條，每築高五尺，橫用絍木一條，每膊椽長三尺，用草葽一條，木橛子一枚。

牆

築牆之制，每牆厚三尺，則高九尺，其上斜收，比厚減半，若高增三尺，則厚加一尺，減亦如之。

凡露牆，每牆高一丈，則厚減高之半，其上收面之廣，比高五分之一，若高增一尺，其厚加三寸，減亦如之。

凡抽紝牆，高厚同上，其上收面之廣，比高四分之一，若高增一尺，其厚加二寸五分。

築臨水基

凡開臨流岸口修築屋基之制，開深一丈八尺，廣隨屋間數之廣，其外分作兩擺手，斜隨馬頭，布柴梢，令厚一丈五尺，每岸長五尺，釘椿一條，梢上用膠上打築令實。

石作制度

造作次序

造石作次序之制有六一曰打剝，二曰麤搏，三曰細漉，四曰褊棱，五曰斫砟，六曰磨礲，其雕鐫制度有四等，一曰剔地起突，二曰壓地隱起華，三曰減地平鈒，四曰素平，如減地平鈒磨礲畢，先用墨蠟，後描華文鈒造若壓地隱起及剔地起突，造畢，並用翎羽刷細砂刷之，令華文之內，石色清潤，其所造華文制度有十一品，一曰海石榴華，二曰寶相華，三曰牡丹華，四曰蕙草，五曰雲文，六曰水浪，七曰寶山，八曰寶階，九曰鋪地蓮華，十曰仰覆蓮華，十一曰寶裝蓮華，或於華文之內，間以龍鳳師獸及化生之類者，隨其所宜，分布用之。

柱礎

造柱礎之制，其方倍柱之徑，方一尺四寸以下者，每方一尺，厚八寸，方三尺以上者，厚減方之半，方四尺以上者，以厚三尺爲率，若造覆盆，每方一尺，覆盆高一寸，每覆盆高一寸，盆脣厚一分，如仰覆蓮華，其高加覆盆一倍，如素平及覆盆，用減地平鈒、壓地隱起華、剔地起突，亦有施減地平鈒及壓地隱起於蓮華瓣上者，謂之寶裝蓮華。

角石

造角石之制，方二尺，每方一尺，則厚四寸，角石之下，別用角柱。

角柱

造角柱之制，其長視階高，每長一尺，則方四寸，柱雖加長，至方一尺六寸止，其柱首接角石處合縫，令與角石通平。若殿宇階基用塼作疊澁坐者，其角柱以長五尺爲率，每長一尺，則方三寸五分，其上下疊澁，並隨塼坐逐層出入制度，造內版柱，上造剔地起突雲，皆隨兩面轉角。

殿階基

造殿階基之制，長隨間廣，其廣隨間深，階頭隨柱心外階之廣，以石段長三尺，廣二尺，厚六寸，四周並疊澁坐數，令高五尺，下施土襯石，其疊澁每層露棱五寸，束腰露身一尺，用隔身版柱，柱內平面作起突壼門造。

壓闌石地面石

造壓闌石之制，長三尺，廣二尺，厚六寸，地面石同。

殿階螭首

造殿階螭首之制，施之於殿階對柱及四角，隨階斜出，其長七尺，每長一尺，則廣二寸六分，厚一寸七分，其長以十分爲率，頭長四分，身長六分，其螭首令舉向上二分。

殿內鬬八

造殿堂內地面心石鬬八之制，方一丈二尺，勻分作二十九窠，當心施雲捲捲內用單盤或雙盤龍鳳，或作水地飛魚牙魚或作蓮荷等華，諸窠內並以諸華間雜，其制作或用壓地隱起華，或剔地起突華。

踏道

造踏道之制，長隨間之廣，每階高一尺，作二踏，每踏高五寸，廣一尺，兩邊副子各廣一尺八寸。兩頭象眼，如階高四尺五寸至五尺者三層，高六尺至八尺者五層，或六層，皆以外周爲第一層，其內深二寸，又爲一層，至平地，施土襯石，其廣同踏。

重臺鉤闌單鉤闌 望柱

造鉤闌之制，重臺鉤闌，每段高四尺，長七尺，尋杖下用雲栱癭項，次用盆脣，中用束腰，下施地栿，其盆脣之下，束腰之上，內作剔地起突華版，束腰之下，地栿之上亦如之，單鉤闌，每段高三尺五寸，長六尺，上用尋杖，中用盆脣，下用地栿，其盆脣地栿之內，作萬字，或作壓地隱起諸華，若施之於慢道，皆隨其拽脚令斜高，與正鉤闌身齊，其名件廣厚，皆以鉤闌每尺之高積而爲法。

凡石鉤闌，每段兩邊雲栱蜀柱，各作一半，令逐段相接。

螭子石

造螭子石之制，施之於階棱、鉤闌、蜀柱卯之下，其長一尺，廣四寸，厚七寸，上開方口，其廣隨鉤闌卯。

門砧限

造門砧之制，長三尺五寸，每長一尺，則廣四寸四分，厚三寸八分。

門限，長隨間廣，其方二寸。

若階斷砌，即卧柣長二尺，廣一尺，厚六分，其立柣，長三尺，廣厚同上，如相連一段造者，謂之曲柣。

城門心將軍石，方直混棱造，其長三尺，方一尺。

地栿

造城門石地栿之制，先於地面上安土襯石，上面露棱，廣五寸，下高四寸，其上施地栿，每段長五尺，廣一尺五寸，厚一尺一寸，上外棱混二寸，混內一寸，鑿眼，立排叉柱。

流盃渠 剜鑿流盃　疊造流盃

造流盃石渠之制，方一丈五尺，其石厚一尺二寸，剜鑿渠道，廣一尺，深九寸，出入水項子石二段，各長三尺，廣二尺，厚一尺二寸，出入水斗子二枚，各方二尺五寸，厚一尺二寸，其內鑿池方一尺八寸，深一尺。若用底版疊造，則心內施看盤一段。

壇

造壇之制，共三層，高廣以石段層數，自土襯上至平面為高，每頭子各露明五寸，束腰露一尺，格身版柱造作平面或起突作壺門造。

卷輂水窗

造卷輂水窗之制，用長三尺，廣二尺，厚六寸石造，隨渠河之廣，如單眼卷輂，自下兩壁開掘至硬地，各用地釘打築入地，上鋪襯石方三路，用碎塼瓦打築空處，令與襯石方平，方上並二横砌石澁一重，澁上隨岸順砌，並二廂壁版，鋪疊令與岸平，於水窗當心，平鋪石地面一重，於上下出入水處，側砌線道三重，其前密釘擗石樁二路，於兩邊廂壁上相對卷輂，用斧刃石鬭卷合，又於斧刃石上，用繳背一重，其背上又平鋪石段二重，兩邊用石，隨棬勢補填令平，若當河道卷輂，其當心平鋪地面石一重，用連二厚六寸石，及於卷輂之外上下水，隨河岸斜分四擺手，亦砌地面，令與廂壁平，地面之外側，砌線道石三重，其前密釘擗石樁三路。

水槽子

造水槽子之制，長七尺，方二尺，每廣一尺，脣厚二寸，每高一尺，底厚二寸五分，脣內底上，並爲槽內廣深。

馬臺

造馬臺之制，高二尺二寸，長三尺八寸，廣二尺二寸，其面方外餘一尺八寸，下面分作兩踏，身內或通素，或疊澁造，隨宜雕鐫華文。

井口石 井蓋子

造井口石之制，每方二尺五寸，則厚一尺，心內開鑿井口，徑一尺，或素平面，或作素覆盆，或作起突蓮華瓣，造蓋子徑一尺二寸，上鑿二竅，每竅徑五分。

山棚鋜脚石

造山棚鋜脚石之制，方二尺，厚七寸，中心鑿竅，方一尺二寸。

幡竿頰

造幡竿頰之制，兩頰各長一丈五尺，廣二尺，厚一尺二寸，下埋四尺五寸，其石頰下出箭，以穿鋜脚，其鋜脚長四尺，廣二尺，厚六寸。

贔屓鼇坐碑

造贔屓鼇坐碑之制，其首爲贔屓龍，下施鼇坐，於土襯之外，自坐至首，共高一丈八尺，其名件廣厚，皆以碑身每尺之長積而爲法。

笏頭碣

造笏頭碣之制，上爲笏首，下爲方坐，高九尺六寸，碑身廣厚，並準石碑制度，其坐每碑身高一尺，則長五寸，高二寸，坐身之內，或作方直，或作疊澁，宜雕鐫華文。

大木作制度

材

凡構屋之制，皆以材爲祖，材有八等，度屋之大小，因而用之。

各以其材之廣，分爲十五分，以十分爲其厚，凡屋宇之高深，名物之短長，曲直舉折之勢，規矩繩墨之宜，皆以所用材之分以爲制度焉。

栱

造栱之制有五，一曰華栱，二曰泥道栱，三曰瓜子栱，四曰令栱。

凡栱之廣厚並如材，栱頭上留六分，下殺九分，其九分勻分爲四大分，又從栱頭順身量爲四瓣，各以逐分之首，與逐瓣之末，以眞尺對斜畫定，然後斫造栱兩頭及中心，各留坐枓處，餘並爲栱眼，深三分，如造足材栱，則更加一栔，隱出心枓及栱眼。

凡栱至角相交出跳，則謂之列栱。

凡開栱口之法，華栱於底面開口，深五分，廣二十分，口上當心兩面，各開子廕通栱身，各廣十分，深一分，餘栱上開口，深十分，廣八分，若角內足材列栱，則上下各開口，上開口深十分，下開口深五分。

凡栱至角相連長兩跳者，則當心施枓，枓底兩面相交，隱出栱頭，謂之鴛鴦交手栱。

飛昂

造昂之制有二，一曰下昂，二曰上昂。

凡昂之廣厚並如材，其下昂施之於外跳，或單栱、或重栱、或偷心、或計心造，上昂施之裏跳之上，及平生鋪作之內，昂背斜尖皆至下枓底外，昂底於跳頭枓口內出，其枓口外用鞾楔。

凡騎枓栱，宜單用，其下跳並偷心造。

爵頭

造耍頭之制，用足材，自枓心出，長二十五分，自上棱斜殺向下六分，自頭上量五分，斜殺向下二分，兩面留心，各斜抹五分，下隨尖各斜殺向上二分，長五分，下大棱上兩面，開龍牙口，廣半分，斜梢向尖，開口與華栱同，與令栱相交，安於齊心枓下。

若累鋪作數多，皆隨所出之跳加長，於裏外令栱兩出安之，如上下有礙昂勢處，即隨昂勢斜殺，於放過昂身，或有不出耍頭者，皆於裏外令栱之內安到心股卯。

枓

造枓之制有四，一曰櫨枓，二曰交互枓，三曰齊心枓，四曰散枓。

凡交互枓、齊心枓、散枓皆高十分，上四分爲耳，中二分爲平，下四分爲欹，開口皆廣十分，深四分，底四面各殺二分，欹顱半分。

凡四耳枓，於順跳口內前後裏壁，各留隔口包耳，高二分，厚一分半，櫨枓則倍之。

總鋪作次序

總鋪作次序之制，凡鋪作自柱頭上櫨枓口內出一栱或一昂，皆謂之一跳，傳至五跳止。

自四鋪作至八鋪作，皆於上跳之上，橫施令栱與耍頭相交，以承橑檐方，至角，各於角昂之上，別施一昂，謂之由昂，以坐角神。

凡於闌額上坐櫨枓、安鋪作者，謂之補間鋪作，當心間須用補間鋪作兩朵，次間及梢間各用一朵，其鋪作分布，令遠近皆匀。

凡鋪作，逐跳上安栱，謂之計心，若逐跳上不安栱，而再出跳或出昂者，謂之偸心。

凡鋪作，逐跳計心每跳令栱上，只用素方一重，謂之單栱，卽每跳上安兩材一栔。若每跳瓜子栱上施慢栱，慢栱上用素方，謂之重栱，卽每跳上安三材兩栔。

凡鋪作並外跳、出昂裏跳及平坐只用卷頭，若鋪作數多，裏跳恐太遠，卽裏跳減一鋪或兩鋪，或平棊低，卽於平棊方下更加慢栱。

凡轉角鋪作，須與補間鋪作勿令相犯，或梢間近者，須連栱交隱，或於次角補間近角處，從上減一跳。

凡鋪作，當柱頭壁栱，謂之影栱。

凡樓閣上屋鋪作，或減下屋一鋪，其副階纏腰鋪作，不得過殿身，或減殿身一鋪。

平坐

造平坐之制，其鋪作減上屋一跳，或兩跳，其鋪作宜用重栱，及逐跳計心造作。

凡平坐鋪作，若叉柱造，卽每角用櫨枓一枚，其柱根叉於櫨枓之上，若纏柱造，卽每角於柱外普拍方上安櫨枓三枚。

凡平坐鋪作下用普拍方，厚隨材廣，或更加一栔，其廣盡所用方木。

凡平坐先自地立柱，謂之永定柱，柱上安搭頭木，木上安普拍方，方上坐枓栱。

凡平坐四角生起，比角柱減半。

平坐之內，逐間下草栿，前後安地面方，以拘前後鋪作，鋪作之上，安鋪版方，用一材，四周安鴈翅版，廣加材一倍，厚四分至五分。

梁

造梁之制有五，一曰檐栿，二曰乳栿，三曰劄牽，四曰平梁，五曰廳堂梁。

凡梁之大小各隨其廣，分爲三分，以二分爲厚。

造月梁之制，明栿其廣四十二分，梁首不以大小從下高二十一分，其上餘材，自枓裏平之，上隨其高，勻分作六分，其上以六瓣卷殺，每瓣長十分，其梁下當中顱六分，自枓心下量三十八分爲斜項，斜項外其下起顱以六瓣卷殺，每瓣長十分，第六瓣盡處下顱五分，梁尾上背下顱，皆以五瓣卷殺，餘並同梁首之制。

梁底面厚二十五分，其項厚十分，科口外兩肩各以四瓣卷殺，每瓣長十分。

若平梁四椽六椽上用者，其廣三十五分，如八椽至十椽上用者，其廣四十二分，不以大小，從下高二十五分，背上下顱，皆以四瓣卷殺，其下第四瓣盡處，顱四分，餘並同月梁之制。

若劄牽其廣三十五分，不以大小，從下高一十五分，牽首上以六瓣卷殺，每瓣長八分，牽尾上以五瓣，其下顱前後各以三瓣。

凡屋內徹上明造者，梁頭相疊處，須隨舉勢高下用駝峯，其駝峯長加高一倍，厚一材料，下兩肩，或作入瓣，或作出瓣，或圜訛兩肩兩頭卷尖，梁頭安替木處，並作隱料，兩頭造耍頭，或切幾頭，與令栱或襻間相交。

凡屋內若施平棊，在大梁之上，平棊之上，又施草栿，乳栿之上，亦施草栿，並在壓槽方之上，其草栿長同下梁，直至橑檐方止，若在兩面，則安丁栿，丁栿之上，別安抹角栿，與草栿相交。

凡角梁下，又施檼襯角栿在明梁之上，外至橑檐方，內至角後栿，項長以兩椽材，斜長加之。

凡襯方頭，施之於梁背耍頭之上，其廣厚同材，前至橑檐方，後至昂背或平棊方，若騎槽，即前後各隨跳，與方栱相交，開子廕以壓枓上。

凡平棊之上，須隨槫栿，用方木及矮柱敦桥，隨宜枝摚固濟，並在草栿之上。

凡平棊方，在梁背上，其廣厚並如材，長隨間廣，每架下平棊方一道，絞井口並隨補間。

闌額

造闌額之制，廣加材一倍，厚減廣三分之一，長隨間廣，兩頭至柱心，入柱卯，減厚之半，兩肩各以四瓣卷殺，每瓣長八分，如不用補間鋪作，即厚取廣之半。

凡檐額，兩頭並出柱口，其廣兩材一絜至三材，如殿閣，即廣三材一絜，或加至三材三絜，檐額下綽幕方，廣減檐額三分之一，出柱長至補間，相對作楷頭，或三瓣頭。

凡由額施之於闌額之下，廣減闌額二分至三分，如有副階，即於峻腳椽下安之，如無副階，即隨宜加減，令高下得中。

凡屋內額廣一材三分至一材一栔，厚取廣三分之一，長隨間廣，兩頭至柱心或駝峯心。

凡地栿，廣如材二分至三分，厚取廣三分之二，至角出柱一材。

柱

凡用柱之制，若殿間，卽徑兩材兩栔至三材，若廳堂柱，卽徑兩材一栔，餘屋，卽徑一材一栔至兩材，若廳堂等屋內柱，皆隨舉勢定其短長，以下檐柱爲則，至角則隨間數生起角柱，若十三間殿堂則角柱比平柱生高一尺二寸，十一間，生高一尺，九間生高八寸，七間，生高六寸，五間，生高四寸，三間，生高二寸。

凡殺梭柱之法，隨柱之長，分爲三分，上一分又分爲三分，如栱卷殺，漸收至上，徑比櫨枓底四周各出四分，又量柱頭四分，緊殺如覆盆樣，令柱項與櫨枓底相副，其柱身下一分，殺令徑圍與中一分同。

凡造柱下櫍，徑周各出柱三分，厚十分，下三分爲平，其上並爲欹，上徑四周各殺三分，令與柱身通上勻平。

凡立柱，並令柱首微收向内，柱脚微出向外，謂之側脚，每屋正面，隨柱之長，每一尺，即側脚一分，若側面，每長一尺，即側脚八厘，至角柱，其柱首相向，各依本法。

凡下側脚，墨於柱十字墨心裏再下直墨，然後截柱脚柱首，各令平正。

若樓閣柱側脚，祇以柱以上爲則，側脚上更加側脚，逐層倣此。

陽馬

造角梁之制，大角梁，其廣二十八分，至加材一倍，厚十八分至二十分，頭下斜殺長三分之二，子角梁，廣十八分至二十分，厚減大角梁三分，頭殺四分，上折深七分。

隱角梁，上下廣十四分至十六分，厚同大角梁，或減二分，上兩面隱廣各三分，深各一椽分。

凡角梁之長，大角梁自下平槫至下架檐頭，子角梁隨飛檐頭外至小連檐下，斜至角心，隱角梁隨架之廣，自下平槫至子角梁尾，皆以斜長加之。

凡造四阿殿閣，若四椽六椽五間及八椽七間，或十椽九間以上，其角梁相續，直至脊槫，各以逐架斜長加之，如八椽五間至十椽七間，並兩頭增出脊槫各三尺。

凡堂廳並廈兩頭造，則兩梢間用角梁，轉過兩椽。

侏儒柱 斜柱附

造蜀柱之制，於平梁上，長隨舉勢高下，殿閣徑一材半，餘屋量栿厚加減，兩面各順平栿，隨舉勢斜安叉手。

造叉手之制，若殿閣廣一材一栔，餘屋廣隨材，或加二分至三分，厚取廣三分之一。

凡中下平槫縫，並於梁首向裏斜安托腳，其廣隨材厚三分之一，從上梁角過，抱槫出卯，以托向上槫縫。

凡屋，如徹上明造，卽於蜀柱之上安枓枓上安隨間襻間，或一材，或兩材，襻間廣厚並如材，長隨間廣，出半栱在外，半栱連身對隱，若兩材造，卽每間各用一材，隔間上下相閃，令慢栱在下，若一材造，只用令栱，隔間一材，如屋內遍用襻間，一材或兩材，並與梁頭相交。

凡襻間，如在平棊上者，謂之草襻間，並用全條方。

凡蜀柱，量所用長短，於中心安順脊串，廣厚如材，或加三分至四分，長隨間隔間用之。

凡順脊串，並出柱，作丁頭栱，其廣一足材，或不及，即作楷頭，厚如材，在牽梁或乳栿下。

棟

用槫之制，若殿閣，槫徑一材一栔，或加材一倍，廳堂，槫徑加材三分至一栔，餘屋，槫徑加材一分至二分，長隨間廣，凡正屋用槫，若心間及西間者，皆頭東而尾西，如東間者，頭西而尾東，其廊屋面東西者，皆頭南而尾北。

凡出際之制，槫至兩梢間，兩際各出柱頭，如兩椽屋，出二尺至二尺五寸，四椽屋，出三尺至三尺五寸，六椽屋，出三尺五寸至四尺，八椽至十椽屋，出四尺五寸至五尺，若殿閣轉角造，即出際長隨架。

凡橑檐方，當心間之廣，加材一倍，厚十分，至角隨宜取圜，貼生頭木，令裏外齊平。

凡兩頭梢間槫背上，並安生頭木，廣厚並如材，長隨梢間，斜殺向裏，令生勢圜和，與前後橑檐方相應，其轉角者高與角梁背平，或隨宜加高，令椽頭背低角梁頭背一椽分。

凡下昂作，第一跳心之上，用槫承椽，謂之牛脊槫，安於草栿之上，至角即抱角梁，下用矮柱敦㮇，如七鋪作以上，其牛脊槫於前跳內更加一縫。

摶風版

造摶風版之制，於屋兩際出槫頭之外，安摶風版，廣兩材至三材，厚三分至四分，長隨架道中上架兩面各斜出搭掌長二尺五寸至三尺，下架隨椽與瓦頭齊。

柎

造替木之制，其厚十分，高一十二分。

凡替木兩頭各下殺四分，上留八分，以三瓣卷殺，每瓣長四分，若至出際，長與槫齊。

椽

用椽之制，椽每架平不過六尺，若殿閣，或加五寸至一尺五寸，徑九分至十分，若廳堂，椽徑七分至八分，餘屋，徑六分至七分，長隨架斜至下架，卽加長出檐，每槫上爲縫，斜批相搭釘之。

凡布椽，令一間當間心，若有補間鋪作者，令一間當耍頭心，若四裴回轉角者，並隨角梁分布，令椽頭踈密得所，過角歸間，並隨上中架取直，其稀密以兩椽心相去之廣爲法，殿閣，廣九寸五分至九寸，副階，廣九寸至八寸五分，廳堂，廣八寸五分至八寸，廊庫屋，廣八寸至七寸五分。

若屋內有平棊者，卽隨椽長短，令一頭取齊，一頭放過上架，當槫釘之，不用裁截。

檐

造檐之制，皆從橑檐方心出，如椽徑三寸，卽檐出三尺五寸，椽徑五寸，卽檐出四尺至四尺五寸，檐外別加飛檐，每檐一尺，出飛子六寸，其檐自次角柱補間鋪作心，椽頭皆生出向外，漸至角梁，若一間生四寸，三間生五寸，五間生七寸，其角柱之內，檐身亦令微殺向裏。

凡飛子，如椽徑十分，則廣八分，厚七分，各以其廣厚分爲五分，兩邊各斜殺一分，底面上留三分，下殺二分，皆以三瓣卷殺，上一瓣長五分，次二瓣各長四分，尾長斜隨檐。

凡飛魁，廣厚並不越材，小連檐，廣加栔二分至三分，厚不得越栔之厚。

舉折

舉折之制，先以尺爲丈，以寸爲尺，以分爲寸，以厘爲分，以毫爲厘，側畫所建之屋於平正壁上，定其舉之峻慢，折之圜和，然後可見屋內梁柱之高下，卯眼之遠近。

舉屋之法，如殿閣樓臺，先量前後橑檐方心相去遠近，分爲三分，從橑檐方背至脊槫背，舉起一分，如甋瓦廳堂，卽四分中舉起一分，又通以四分所得丈尺，每一尺加八分，如甋瓦廊屋及瓪瓦廳堂，每一尺加五分，或瓪瓦廊屋之類，每一尺加三分。

折屋之法，以舉高尺丈，每尺折一寸，每架自上遞減半爲法，如舉高二丈，卽先從脊槫背上取平，下至橑檐方背，其上第一縫折二尺，又從上第一縫槫背取平，下至橑檐方背，於第二縫折一尺，若椽數多，卽逐縫取平，皆下至橑檐方背，每縫並減上縫之半，如取平，皆從槫心抨繩令緊爲則，如架道不勻，卽約度遠近，隨宜加減。

若八角或四角鬬尖亭榭，自橑檐方背舉至角梁底，五分中舉一分，至上簇角梁，卽兩分中舉一分。

簇角梁之法，用三折，先從大角背，自橑檐方心，量向上至根桿卯心，取大角梁背一半立，上折簇梁斜向根桿舉分盡處，次從上折簇梁盡處，量至橑檐方心，取大角梁背一半立，中折簇梁斜向上折簇梁當心之下，又次從橑檐方心立，下折，簇梁斜向中折簇梁當心近下，其折分，並同折屋之制。

小木作制度

版門 雙扇版門 獨扇版門

造版門之制，高七尺至二丈四尺，廣與高方，如減廣者，不得過五分之一，其名件廣厚，皆取門每尺之高積而爲法。

凡版門，如高一丈，所用門關徑四寸，搕鏁柱長五尺，廣六寸四分，厚二寸六分，縫內透栓及劄並間楅用，透栓廣二寸，厚七分，每門增高一丈，則關徑加一分五厘，搕鏁柱長加一寸，廣加四分，厚加一分，透栓廣加一分，厚加三厘，若門高七尺以上，則上用雞栖木，下用門砧，高一丈二尺以上者，或用鐵桶子，鵝臺石砧，高二丈以上者，門上鑲安鐵鐗，雞栖木安鐵釧，下鑲安鐵鞾臼，用石地栿，門砧，及鐵鵝臺，地栿版長隨立柣之廣，其廣同階之高，厚量長廣取宜，每長一尺五寸，用楅一枚。

烏頭門

造烏頭門之制，高八尺至二丈二尺，廣與高方，若高一丈五尺以上，如減廣，不過五分之一，用雙腰串，每扇各隨其長於上腰中心分作兩分，腰上安子桯櫺子，腰華以下，並安障水版，或下安鋜脚，則於下桯上施串一條，其版內外並施牙頭護縫，門後用羅文楅，其名件廣厚，皆取門每尺之高積而爲法。

凡烏頭門所用雞栖木、門簪、門砧、門關、搕鏁柱、石砧、鐵鞾臼、鵝臺之類，並準版門之制。

軟門　牙頭護縫軟門　合扇軟門

造軟門之制，廣與高方，若高一丈五尺以上，如減廣者，不過五分之一，用雙腰串造，每扇各隨其長，除桯及腰串外，分作三分，腰上留二分，腰下留一分，上下並安版，內外皆施牙頭護縫，其名件廣厚，皆取門每尺之高積而爲法。

凡軟門內或用手栓伏兔，或用承柺楅，其額、立頰、地栿、雞栖木、門簪、門砧、石砧、鐵桶子、鵝臺之類，並準版門之制。

破子櫺窗

造破子窗之制，高四尺至八尺，如間廣一丈，用一十七櫺，若廣增一尺，卽更加二櫺，相去空一寸，其名件廣厚，皆以窗每尺之高積而爲法。

凡破子窗，於腰串下地栿上安心柱槫頰，柱內或用障水版、牙脚、牙頭、填心難子造，或用心柱編竹造，或於腰串下用隔減窗坐造。

睒電窗

造睒電窗之制，高二尺至三尺，每間廣一丈，用二十一櫺，若廣增一尺，則更加二櫺，相去空一寸，其櫺實廣二寸，曲廣二寸七分，厚七分，其名件廣厚，皆取窗每尺之高積而爲法。

凡睒電窗，刻作四曲或三曲，若水波文造，亦如之，施之於殿堂後壁之上，或山壁高處，如作看窗，則下用橫鈐立旌，其廣厚並準版櫺窗所用制度。

版櫺窗

造版櫺窗之制，高二尺至六尺，如間廣一丈，用二十一櫺，若廣增一尺，則更加二櫺，相去空一寸，廣二寸，厚七分，其餘名件長及廣厚，皆以窗每尺之高積而爲法。

凡版窗，於串下地栿上安心柱，編竹造，或用隔減窗坐造，若高三尺以下，只安於牆上。

截間版帳

造截間版帳之制，高六尺至一丈，廣隨間之廣，內外並施牙頭護縫，如高七尺以上者，用額栿槫柱，當中用腰串造。若間遠則立槏柱，其名件廣厚，皆取版帳每尺之廣積而爲法。

凡截間版帳，如安於梁外乳栿劄牽之下，與全間相對者，其名件廣厚，亦用全間之法。

照壁屏風骨 截間屏風骨　四扇屏風骨

造照壁屏風骨之制，用四直大方格眼，若每間分作四扇者，高七尺至一丈二尺，如只作一段截間造者，高八尺至一丈二尺，其名件廣厚，皆取屏風每尺之高積而爲法。

凡照壁屏風骨，如作四扇開閉者，其所用立㮫槫肘，若屏風高一丈，則槫肘方一寸四分，立㮫廣二寸，厚一寸六分，如高增一尺，卽方及廣厚各加一分，減亦如之。

隔截橫鈐立旌

造隔截橫鈐立旌之制，高四尺至八尺，廣一丈至一丈二尺，每間隨其廣，分作三小間，用立旌上下視其高，量所宜分布施橫鈐，其名件廣厚，皆取每間一尺之廣積而爲法。

凡隔截所用橫鈐立旌，施之於照壁門窗，或牆之上，及中縫截間者，亦用之，或不用額栿槫柱。

露籬

造露籬之制，高六尺至一丈，廣八尺至一丈二尺，下用地栿、橫鈐、立旌，上用榻頭木施版屋造，每一間，分作三小間，立旌長視高，栽入地，每高一尺，則廣四分，厚二分五厘，曲棖長一寸五分，曲廣三分，厚一分，其餘名件廣厚，皆取每間一尺之廣積而爲法。

凡露籬若相連造，則每間減立旌一條，其橫鈐地栿之長，各減一分三厘，版屋兩頭施搏風版及垂魚惹草，並量宜造。

版引檐

造屋垂前版引檐之制，廣一丈至一丈四尺，長三尺至五尺，內外並施護縫，垂前用瀝水版，其名件廣厚，皆以每尺之廣積而爲法。

凡版引檐，施之於屋垂之外跳椽，上安闌頭木，挑斡引檐，與小連檐相續。

水槽

造水槽之制，直高一尺，口廣一尺四寸，其名件廣厚，皆以每尺之高積而爲法。

凡水槽，施之於屋檐之下，以跳椽襻拽，若廳堂前後檐用者，每間相接，令中間者最高，兩次間以外，逐間各低一版，兩頭出水，如廊屋或挾屋偏用者，並一頭安罨頭版，其槽縫並包底廕牙縫造。

井屋子

造井屋子之制，自地至脊共高八尺，四柱，其柱外方五尺，柱頭高五尺八寸，下施井匱，高一尺二寸，上用厦瓦版，內外護縫，上安壓脊，垂脊，兩際施垂魚惹草，其名件廣厚，皆以每尺之高積而爲法。

凡井屋子，其井匱與柱下齊，安於井階之上，其舉分準大木作之制。

地棚

造地棚之制，長隨間之廣，其廣隨間之深，高一尺二寸至一尺五寸，下安敦桥，中施方子，上鋪地面版，其名件廣厚，皆以每尺之高積而爲法。

凡地棚，施之於倉庫屋內，其遮羞版，安於門道之外，或露地棚處，皆用之。

格子門　四斜毬文格子　四斜毬文上出條桱重格眼　四直方眼格　版壁　兩明格子

造格子門之制有六等，一曰四混，中心出雙線，入混內出單線，二曰破瓣雙混，平地出雙線，三曰通混出雙線，四曰通混壓邊線，五曰素通混，六曰方直破瓣，高六尺至一丈二尺，每間分作四扇，如檐額及梁栿下用者，或分作六扇，造用雙腰串，每扇各隨其長，除桯及腰串外，分作三分，腰上留二分安格眼，腰下留一分安障水版，其名件廣厚，皆取門桯每尺之高積而爲法。

凡格子門所用搏肘立椽，如門高一丈，卽搏肘方一寸四分，立椽廣二寸，厚一寸六分，如高增一尺，卽方及廣厚各加一分，減亦如之。

闌檻鉤窗

造闌檻鉤窗之制，其高七尺至一丈，每間分作三扇，用四直方格眼，檻面外施雲栱鵝項，鉤闌內托柱，其名件廣厚，各取窗檻每尺之高積而爲法。

凡鉤窗所用搏肘，如高五尺，則方一寸，臥關如長一丈，卽廣二寸，厚一寸六分，每高與長增一尺，則各加一分，減亦如之。

殿內截間格子

造殿堂內截間格子之制，高一丈四尺至一丈七尺，用單腰串，每間各視其長，除桯及腰串外，分作三分，腰上二分安格眼，用心柱槫柱，分作二間，腰下一分爲障水版，其版亦用心柱槫柱，分作三間，用牙脚牙頭填心內，或合版攏桯，其名件廣厚，皆取格子上下每尺之通高積而爲法。

凡截間格子上二分子桯內，所用四斜毬文格眼，圜徑七寸至九寸，其廣厚皆準格子門之制。

堂閣內截間格子

造堂閣內截間格子之制，皆高一丈，廣一丈一尺，其桯制度有三等，一曰面上出心線，兩邊壓線，二曰瓣內雙混，三曰方直破瓣攛尖，其名件廣厚，皆取每尺之高積而爲法。

凡堂閣內截間格子，所用四斜毬文格眼及障水版等分數，其長徑並準格子門之制。

殿閣照壁版

造殿閣照壁版之制，廣一丈至一丈四尺，高五尺至一丈一尺，外面纏貼，內外皆施難子合版造，其名件廣厚，皆取每尺之高積而爲法。

凡殿閣照壁版，施之於殿閣槽內，及照壁門窗之上者，皆用之。

障日版

造障日版之制，廣一丈一尺，高三尺至五尺，用心柱槫柱，內外皆施難子合版，或用牙頭護縫造，其名件廣厚，皆以每尺之廣積而爲法。

凡障日版，施之於格子門及門窗之上，其上或更不用額。

廊屋照壁版

造廊屋照壁版之制，廣一丈至一丈一尺，高一尺五寸至二尺五寸，每間分作三段，於心柱槫柱之內，內外皆施難子合版造，其名件廣厚，皆以每尺之廣積而爲法。

凡廊屋照壁版，施之於殿廊由額之內，如安於半間之內，與全間相對者，其名件廣厚，亦用全間之法。

胡梯

造胡梯之制，高一丈，拽腳，長隨高，廣三尺，分作十二級，攏頰榥施促踏版，上下並安望柱，兩頰隨身各用鉤闌，斜高三尺五寸，分作四間，其名件廣厚，皆以每尺之高積而爲法。

凡胡梯，施之於樓閣上下道內，其鉤闌，安於兩頰之上，如樓閣高遠者，作兩盤至三盤造。

垂魚惹草

造垂魚惹草之制，或用華瓣，或用雲頭造，垂魚長三尺至一丈，惹草長三尺至七尺，其廣厚皆取每尺之長積而爲法。

凡垂魚，施之於屋山搏風版合尖之下，惹草施之於搏風版之下搏水之外，每長二尺，則於後面施楅一枚。

栱眼壁版

造栱眼壁版之制，於材下額上兩栱頭相對處，鑿池槽，隨其曲直，安版於池槽之內，其長廣，皆以料栱材分爲法。

凡栱眼壁版，施之於鋪作檐額之上，其版如隨材合縫，則縫內用劄造。

裹栿版

造裹栿版之制，於栿兩側各用廂壁版，栿下安底版，其廣厚皆以梁栿每尺之廣積而爲法。

凡裹栿版，施之於殿槽內梁栿，其下底版合縫令承兩廂壁版，其兩廂壁版及底版者，皆雕華造。

擗簾竿

造擗簾竿之制有三等，一曰八混，二曰破瓣，三曰方直，長一丈至一丈五尺，其廣厚，皆以每尺之高積而爲法。

凡擗簾竿，施之於殿堂等出跳栱之下，如無出跳者，則於椽頭下安之。

護殿閣檐竹網木貼

造安護殿閣檐枓栱、竹雀眼網、上下木貼之制，長隨所用逐間之廣，其廣二寸，厚六分，皆直方造，上於椽頭，下於檐額之上，壓雀眼網，安釘。

平棊

造殿內平棊之制，於背版之上，四邊用桯，桯內用貼，貼內留轉道，纏難子，分布隔截，或長或方，其中貼絡華文有十三品，一曰盤毬，二曰鬬八，三曰疊勝，四曰瑣子，五曰簇六毬文，六曰羅文，七曰柿蔕，八曰龜背，九曰鬭二十四，十曰簇三簇四毬文，十一曰六入圜華，十二曰簇六雪華，十三曰車釧毬文，其華文皆間雜互用，或於雲盤華盤內施明鏡，或施隱起龍鳳及雕華，每段以長一丈四尺廣五尺五寸爲率，其名件廣厚若間架雖長廣，更不加減，唯盝頂倚斜處，其程量所宜減之。

凡平棊施之於殿內鋪作算程方之上，其背版後皆施護縫，廣二寸厚六分，楅廣三寸五分，厚二寸五分，長皆隨其所用。

鬬八藻井

造鬬八藻井之制，共高五尺三寸，其下曰方井，方八尺，高一尺六寸，其中曰八角井，徑六尺四寸，高二尺二寸，其上曰鬬八，徑四尺二寸，高一尺五寸，於頂心之下，施垂蓮或雕華雲捲，皆內安明鏡，其名件廣厚，皆以每尺之徑積而爲法。

凡藻井施之於殿內照壁屏風之前，或殿身內前門之前，平棊之內

小鬬八藻井

造小鬬八藻井之制，共高二尺二寸，其下曰八角井，徑四尺八寸，其上曰鬬八，高八寸，於頂心之下，施垂蓮或雕華雲捲，皆內安明鏡，其名件廣厚，各以每尺之徑及高積而爲法。

凡小藻井施之於殿宇副階之內，其腰內所用貼絡門窗、鉤闌，其大小廣厚，並隨高下量宜用之。

拒馬叉子

造拒馬叉子之制，高四尺至六尺，如間廣一丈者，用二十一櫺，每增廣一尺，則加二櫺，減亦如之，兩邊用馬銜木，上用穿心串，下用櫳桯，連梯廣三尺五寸，其卯廣減桯之半，厚三分中留一分，其名件廣厚，皆以高五尺爲祖，隨其大小而加減之。

凡拒馬叉子，其櫺子自連梯上，皆左右隔間分布於上串內出首，交斜相向。

叉子

造叉子之制，高二尺至七尺，如廣一丈，用七十二櫺，若廣增一尺，卽更加二櫺，減亦如之，兩壁用馬銜木，上下用串，或於下串之下用地栿、地霞造，其名件廣厚，皆以高五尺爲祖，隨其大小而加減之。

凡叉子，若相連或轉角，皆施望柱，或栽入地，或安於地栿上，或下用衮砧托柱，如施於屋柱間之內，及壁帳之間者，皆不用望柱。

鉤闌重臺鉤闌　單鉤闌

造樓閣殿亭鉤闌之制有二：一曰重臺鉤闌，高四尺至四尺五寸，二曰單鉤闌，高三尺至三尺六寸，若轉角，則用望柱，其望柱頭破瓣仰覆蓮，如有慢道，卽計階之高下，隨其峻勢，令斜高與鉤闌身齊，其名件廣厚，皆取鉤闌每尺之高積而爲法。

凡鉤闌分間布柱，令與補間鋪作相應，如補間鋪作太密，或無補間者，量其遠近，隨宜加減，如殿前中心作折檻者，每鉤闌高一尺，於盆脣內廣別加一寸，其蜀柱更不出項，內加華托柱。

棵籠子

造棵籠子之制，高五尺，上廣二尺，下廣三尺，或用四柱，或用六柱，或用八柱，柱子上下各用榥子腳串版櫺，或雙腰串，或下用雙榥子鋜腳版造，柱子每高一尺，卽首長一寸，垂腳空五分，柱身四瓣方直，或安子桯，或採子桯，或破瓣造，柱首或作仰覆蓮，或單胡桃子，或料柱挑瓣方直，或刻作海石榴，其名件廣厚，皆以每尺之高積而爲法。

凡棵籠子，其櫺子之首在上榥子內，其櫺相去準叉子制度。

井亭子

造井亭子之制，自下鋜脚至脊，共高一丈一尺，方七尺，四柱四椽五鋪作，一杪一昂，材廣一寸二分，厚八分，重栱造，上用壓廈版，出飛檐，作九脊結瓦，其名件廣厚，皆取每尺之高積而爲法。

凡井亭子，鋜脚下齊，坐於井階之上，其科栱分數及舉折等，並準大木作之制。

牌

造殿堂樓閣門亭等牌之制，長二尺至八尺，其牌首、牌帶、牌舌，每廣一尺，即上邊綽四寸，向外牌面，每長一尺，則首帶隨其長外，加長四寸二分，舌加長四分，其廣厚，皆取牌每尺之長積而爲法。

凡牌面之後，四周皆用楅，其身內七尺以上者，用三楅，四尺以上者，用二楅，三尺以上者，用一楅，其楅之廣厚，皆量其所宜而爲之。

佛道帳

造佛道帳之制，自坐下龜脚至鴟尾，共高二丈九尺，內外攏深一丈二尺五寸，上層施天宮樓閣，次平坐，次腰檐，帳身下安芙蓉瓣、疊澁、門窗、龜脚坐，兩面與兩側制度並同，其名件廣厚，皆取逐層每尺之高積而爲法凡佛道帳芙蓉瓣，每瓣長一尺二寸，隨瓣用龜腳瓦瓦隴條，每條相去如隴條之廣，其屋蓋舉折及枓栱等分數並準大木作制度，隨材減之，卷殺瓣柱及飛子，亦如之。

牙腳帳

造牙腳帳之制，共高一丈五尺，廣三丈，內外攏共深八尺，下段用牙腳坐，坐下施龜腳，中段帳身，上用隔枓，下用錠腳，上段山華仰陽版六鋪作，每段分作三段造，其名件廣厚，皆隨逐層每尺之高積而爲法。

凡牙腳帳坐，每一尺，作一壼門，下施龜腳，合對鋪作，其所用枓栱名件分數，並準大木作制度隨材減之。

九脊小帳

造九脊小帳之制，自牙腳坐下龜腳至脊，共高一丈二尺，廣八尺，內外攏共深四尺，下段中段與牙腳帳同，上段五鋪作，九脊殿結瓦造，其名件廣厚，皆隨逐層每尺之高積而爲法。

凡九脊小帳，施之於屋一間之內，其補間鋪作，前後各八朵，兩側各四朵，坐內壼門等，並準牙腳帳制度。

壁帳

造壁帳之制，高一丈三尺至一丈六尺，其帳柱之上，安普拍方，方上施隔枓及五鋪作，下昂、重栱、出角、入角造，其材廣一寸二分，厚八分，每一間，用補間鋪作一十三朵，鋪作上施壓厦版混肚方，方上安仰陽版及山華，帳内上施平棊，兩柱之内並用叉子柭，其名件廣厚，皆取帳身間内每尺之高積而爲法。

凡壁帳上山華仰陽版後，每華尖皆施楅一枚，所用飛子馬銜，皆量宜造之，其枓栱等分數，並準大木作制度。

轉輪經藏

造經藏之制，共高二丈，徑一丈六尺，八棱，每棱面廣六尺六寸六分。内外槽柱，外槽帳身柱上腰檐平坐，坐上施天宫樓閣，八面制度並同，其名件廣厚。皆隨逐層每尺之高積而爲法，

凡經藏坐芙蓉瓣、長六寸六分，下施龜脚套軸版，安於外槽平坐之上，其結瓦瓦隴條之類，並準

佛道帳制度。

壁藏

造壁藏之制共高一丈九尺，身廣三丈，兩擺子各廣六尺內外槽共深四尺，前後與兩側，制度並同，其名件廣厚皆取逐層每尺之高積而爲法。

凡壁藏芙蓉瓣，每瓣長六寸六分，其用龜脚至舉折等，並準佛道帳之制。

雕作制度

混作

雕混作之制有八品，一曰神仙，二曰飛仙，三曰化生，四曰拂菻，五曰鳳皇，六曰師子，七曰角神，八曰纏柱龍。

凡混作雕刻成形之物，令四周皆備其人物及鳳皇之類，或立，或坐，並於仰覆蓮華或覆瓣蓮華坐上用之。

插之。

雕插寫生華

雕插寫生華之制有五品，一曰牡丹華，二曰芍藥華，三曰黄葵華，四曰芙蓉華，五曰蓮荷華。

凡雕插寫生華，先約栱眼壁之高廣，量宜分布畫樣，隨其卷舒，雕成華葉，於寶山之上，以華盆安插之。

起突卷葉華

雕剔地起突卷葉華之制有三品，一曰海石榴華，二曰寶牙華，三曰寶相華。

凡雕剔地起突華，皆於版上壓下四周，隱起身内華葉等雕鋑，葉内翻卷，令表裏分明，剔削枝條，須圜混相壓，其華文皆隨版内長廣，匀留四邊，量宜分布。

剔地窪葉華

雕剔地窪葉華之制有七品，一曰海石榴華，二曰牡丹華，三曰蓮荷華，四曰萬歲藤，五曰卷頭蕙草，六曰蠻雲。

凡雕剔地窪葉華，先於平地隱起華頭及枝條，减壓下四周葉外空地，亦有平雕透突諸華者，其所用並同上，若就地隨刃雕壓出華文者，謂之實雕。施之於雲栱、地霞、鵝項、或叉子之首，及牙子版、垂魚惹華等，皆用之。

旋作制度

造殿堂屋宇等雜用名件，造殿內照壁版上寶牀等所用名件，造佛道等帳上所用名件。

鋸作制度

用材植

用材植之制，凡材植，須先將大方木，可以入長大料者，盤截解割，次將不可以充極長極廣用者，量度合用名件，亦先從名件就長或就廣解割。

抨墨

抨繩墨之制，凡大材植，須合大面在下，然後垂繩取正，抨墨，其材廣而薄者，先自側面抨墨，務在就材充用，勿令將可以充長大用者截割爲細小名件。

若所造物，或斜或訛或尖者，並結角交解。

就餘材

就餘材之制，凡用木植內如有餘材，可以別用或作版者，其外面多有璺裂，須審視各件之長廣量度，就璺解割，或可以帶璺用者，卽留餘材於心內，就其厚別用，或作版，勿令失料。

竹作制度

造笆

造殿堂等屋宇所用竹笆之制，每間廣一尺，用經一道，每經一道，用竹四片，緯亦如之，殿閣等至散舍，如六椽以上，所用竹並徑三寸二分至徑二寸三分，若四椽以下者，徑一寸二分至徑四分，其竹不以大小，並劈作四破用之。

隔截編道

造隔截壁桯內竹編道之制，每壁高五尺，分作四格上下各橫用經一道，格內橫用經三道，至橫經縱緯相交織之每經一道用竹三片，緯用竹一片，若栱眼壁高二尺以上，分作三格，高一尺五寸以下者，分作兩格其壁高五尺以上者，用竹徑三寸二分至二寸五分，如不及五尺，及栱眼壁屋山內尖斜壁所用竹，徑二寸三分至徑一寸，並劈作四破用之。

竹柵

造竹柵之制，每高一丈，分作四格，若高一丈以上者，所用竹，徑八分，如不及一丈者，徑四分。

護殿檐雀網眼

造護殿閣檐枓栱，及托窗櫺內竹雀眼網之制，用渾青篾，每竹一條，劈作篾一十二條，刮去青，廣三分，從心斜起，以長篾爲經，至四邊，卻折篾入身內，以短篾直行作緯，往復織之，其雀眼徑一寸，如於雀眼內間織人物及龍鳳華雲之類，並先於雀眼上描定，隨描道織補，施之於殿檐枓栱之外，如六鋪作以上，即上下分作兩格，隨間之廣，分作兩間或三間，當縫施竹貼釘之，其上下或用木貼釘之。

地面碁文簟

造殿閣内地面棊文簟之制，用渾青篾，廣一分至一分五厘，刮去青，横以刀刃拖令厚薄匀平，次立兩刃，於刃中摘令廣狹一等，從心斜起，以縱篾爲則，先擡二篾壓三篾，起四篾又壓三篾，然後横下一篾織之至四邊，尋斜取正，擡三篾至七篾織水路，當心織方勝等、華文、龍鳳，其竹徑二寸五分，至徑一寸。

障日篛等簟

造障日篛等所用簟之制，以青白篾相雜用，廣二分至四分，從下直起，以縱篾爲則，擡三篾壓三篾，然後横下一篾織之，若造假棊文，並擡四篾壓四篾，横下兩篾織之。

竹笍索

造綰繫鷹架、竹笍索之制，每竹一條，劈作十一片，每片揭作二片，作五股瓣之，每股用篾四條或三條造成，廣一寸五分，厚四分，每條長二百尺，臨時量度所用長短截之。

瓦作制度

結瓦

結瓦屋宇之制有二等，一曰甋瓦，施之於殿閣廳堂亭榭等，二曰瓪瓦，施之於廳堂及常行屋舍等。

凡結瓦，至出檐仰瓦之下，小連檐之上，用鷰頷版，華廢之下，用狼牙版，其當檐所出華頭甋瓦身內，用蔥臺釘，若六椽以上屋勢緊峻者，於正脊下第四甋瓦及第八甋瓦背當中，用著蓋腰釘。

用瓦

用瓦之制，凡瓦下補襯柴棧爲上，版棧次之，如用竹笆葦箔，若殿閣七間以上，用竹笆一重，葦箔五重，五間以下，用竹笆一重，葦箔四重，廳堂等五間以上，用竹笆一重，葦箔三重，如三間以下至廊屋，並用竹笆一重，葦箔二重，散屋用葦箔三重，或兩重，其柴棧之上，先以膠泥徧泥，次以純石灰施瓦，所用之瓦，須水浸過，然後用之。

壘屋脊

壘屋脊之制，凡壘屋脊，每增兩間或兩椽，則正脊加兩層，正脊於線道瓦上，厚一尺至八寸，垂脊減正脊二寸，線道瓦在當溝瓦之上，脊之下，殿閣等露三寸五分，堂屋等三寸，廊屋以下並二寸五分，其壘脊瓦並用本等合脊甋瓦亦用本等令合垂脊甋瓦在正脊甋瓦之下，若甋瓪瓦結瓦，其當溝瓦所壓甋瓦頭，並勘縫刻項子，深三分，令與當溝瓦相銜，其殿閣於合脊甋瓦上施走獸者，每隔三瓦或五瓦，安獸一枚，正脊當溝瓦之下，垂鐵索，兩頭各長五尺，垂脊之外，橫施華頭甋瓦及重脣瓪瓦者，謂之華廢，常行屋垂脊之外順施瓪瓦相壘者，謂之剪邊。

用鴟尾

用鴟尾之制，凡用鴟尾，若高三尺以上者，於鴟尾上用鐵腳子，及鐵束子，安搶鐵，其搶鐵之上，施五叉拒鵲子，身兩面用鐵鞠，身內用柏木樁或龍尾，唯不用搶鐵拒鵲，加襻脊鐵索。

用獸頭等

用獸頭等之制，凡獸頭，皆順脊用鐵鉤一條套獸上，以釘安之，嬪伽用蔥臺釘，滴當火珠，坐於華頭甋瓦滴當釘之上。

泥作制度

壘牆

壘牆之制，高廣隨間，每牆高四尺，則厚一尺，每高一尺，其上斜收六分，每用坯墼三重，鋪襻竹一重，若高增一尺，則厚加二尺五寸，減亦如之。

用泥

用石灰等泥塗之制，先用𪉩泥搭絡不平處，候稍乾，次用中泥趁平，又候稍乾，次用細泥爲襯，上施石灰，泥畢候水脈定，收壓五遍，令泥面光澤。

凡和石灰泥，每石灰三十斤，用麻擣二斤，若礦石灰，每八斤，可以充十斤之用。

畫壁

造畫壁之制，先以𪉩泥搭絡畢，候稍乾，再用泥橫被竹篾一重，以泥蓋平，又候稍乾，釘麻華，以泥分披令勻，又用泥蓋平，方用中泥細襯，泥上施沙泥，候水脈定，收壓十遍，令泥面光澤。

凡和沙泥，每白沙二斤，用膠土一斤，麻擣，選擇淨者七兩。

立竈 轉煙 直拔

造立竈之制，並臺共高二尺五寸，其門突之類，皆以鍋口徑一尺爲祖加減之。

凡竈突高視屋身出屋外三尺，其方六寸，或鍋增大者，量宜加之，加至方一尺二寸止，並以石灰泥飾，

釜鑊竈

造釜鑊竈之制，釜竈如蒸作用者，高六寸，其非蒸作用，安鐵甑或瓦甑者，量宜加高，加至三尺止，鑊竈高一尺五寸，其門項之類，皆以釜口徑，以每增一寸鑊口徑，以每增一尺爲祖加減之。

凡釜鑊竈面並取圜泥造，其釜鑊口徑四周各出六寸外，泥飾與立竈同。

茶鑪

造茶鑪之制，高一尺五寸，其方廣等，皆以高一尺爲祖加減之。

凡茶鑪底方六寸，內用鐵燎杖八條，其泥飾同立竈之制。

壘射垛

壘射垛之制，先築牆，以長五丈高二丈爲率，上壘作五峯，其峯之高下，皆以牆每一丈之長積而爲法。

凡射垛五峯，每中峯高一尺，則其下各厚三寸，上收令方，減下厚之半，其峯上各安蓮華坐瓦火珠各一枚，當面以靑石灰白石灰，上以靑灰爲緣泥飾之。

彩畫作制度

總制度

彩畫之制，先遍襯地，次以草色和粉，分襯所畫之物，其襯色，上方布細色，或疊暈，或分間剔塡，應用五彩裝、及疊暈、碾玉裝者，並以赭筆描畫，淺色之外，並旁描道，量留粉暈，其餘並以墨筆描畫，淺色之外，並用粉筆蓋壓墨道。

五彩徧裝

五彩徧裝之制，梁栱之類，外棱四周皆留緣道，用青綠或朱疊暈，內施五彩諸華，間雜用朱或青綠剔地，外留空緣，與外緣道對暈。

凡五彩徧裝柱頭作細錦或瑣文，柱身自柱櫍上，亦作細錦，與柱頭相應，錦之上下，作青紅或綠疊暈一道，其身內作海石榴等華，或於碾玉華內，間以五彩飛鳳之類，或間四入瓣科，或四出尖科，櫍作青瓣或紅瓣疊暈蓮華，檐額或大額及由額，兩頭近柱處，作三瓣或兩瓣如意頭角葉，如身內紅地，即以青地作碾玉，或亦用五彩裝，椽頭面子，隨徑之圜作疊暈蓮華，青紅相間用之，或作出焰明珠，或作簇七車釧明珠，或作疊暈寶珠，深色在外，令近上疊暈，向下棱當中點粉爲寶珠心，或作疊暈合螺瑪瑙，近頭處作青綠紅暈子三道，每道廣不過一寸，身內作通用六等華，外或用青綠紅地作團科、或方勝，或兩尖、或四入瓣、白地，外用淺色，白地內隨瓣之方圜，描華用五彩淺色間裝之，飛子作青綠連珠，及棱身暈，或作方勝，或兩尖，或團科，兩側壁，如下面用徧地華，即作兩暈青綠棱間，若下面素面錦，作三暈或兩暈青綠棱間，飛子頭作四角柿蔕，如飛子徧地華，即椽用素地錦，白版或作紅青綠地，內兩尖，科素地錦，大連檐立面作三角疊暈柿蔕華。

碾玉裝

碾玉裝之制，梁栱之類，外棱四周皆留緣道，用青或綠疊暈，如綠緣，內於淡綠地上描華，用深青剔地，外留空緣與外緣道對暈。

凡碾玉裝柱，碾玉或間白畫或素綠，柱頭用五彩錦，櫍作紅暈或青暈蓮華，椽頭作出焰明珠，或簇七明珠，或蓮華身內碾玉或素綠，飛子正面作合暈，兩旁並退暈或素綠，仰版素紅。

青綠疊暈棱間裝三暈帶紅棱間裝附

青綠疊暈棱間裝之制，凡枓栱之類，外棱緣廣二分。

凡青綠疊暈棱間裝柱身內筍文或素綠，或碾玉裝，柱頭作四合青綠退暈如意頭，櫍作青暈蓮華，或作五彩錦，或團科方勝素地錦，椽素綠身，其頭作明珠蓮華，飛子正面大小連檐並青綠退暈，兩旁素綠。

解綠裝飾屋舍解綠結華裝附

解綠刷飾屋舍之制，應材昂枓栱之類，身內通刷土朱，其緣道及鷰尾八白等，並用青綠疊暈相

間

凡額上壁內影作長廣制度，與丹粉刷飾同，身內上棱及兩頭，亦以靑綠疊暈爲緣，或作翻卷華葉，科下蓮華，並以靑暈。

丹粉刷飾屋舍 黃土刷飾附

丹粉刷飾屋舍之制，應材木之類，面上用土朱通刷。下棱用白粉闌界緣道，下面用黃丹通刷。

凡丹粉刷飾，其土朱用兩遍，用畢，並以膠水攏罩，若刷土黃，則不用。

雜間裝

雜間裝之制，皆隨每色制度，相間品配，令華色鮮麗，各以逐等分數爲法。

凡雜間裝，以此分數爲率，或用間紅靑綠三暈棱間裝、與五彩徧裝、及畫松文等相間裝者，各約此分數，隨宜加減之。

煉桐油

煉桐油之制，用文武火煎桐油令淸，先煠膠令焦，取出不用，次下松脂攪候化，又次下研細定粉，粉色黃，滴油於水內成珠，以手試之，黏指處有絲縷，然後下黃丹，漸次去火，攪令冷，合金漆用，如施之於彩畫之上者，以亂線揩搌用之。

塼作制度

用塼

用塼之制。（略）

壘階基

壘砌階基之制，用條塼，殿堂亭榭，階高四尺以下者，用二塼相並，高五尺以上至一丈者，用三塼相並，樓臺基高一丈以上至二丈者，用四塼相並，高二丈至三丈以上者，用五塼相並，高四丈以上者，用六塼相並，普拍方外階頭自柱心出三尺至三尺五寸，其殿堂等階，若平砌，每階高一尺上收一分五厘，如露齦砌，每塼一層，上收一分，樓臺亭榭，每塼一層，上收二分。

鋪地面

鋪砌殿堂等地面塼之制，用方塼，先以兩塼面相合，磨令平，次折四邊，以曲尺較令方正，其四側斫令下棱收入一分，殿堂等地面每柱心內方一丈者令當心高二分，方三丈者高三分，柱外階高五尺以下者，每一尺令自柱心起至階齦垂二分，廣六尺以上者，垂三分其階齦壓闌用石，或亦用塼其階外散水，量檐上滴水遠近鋪砌，向外側塼砌線道二周。

牆下隔減

壘砌牆隔減之制，殿閣外有副階者，其內牆下隔減，長隨牆廣，其廣六尺至四尺五寸，高五尺至三尺四寸，如外無副階者，廣四尺至三尺五寸，高三尺至二尺四寸，若廊屋之類，廣三尺至二尺五寸，高二尺至一尺六寸，其上收，同階基制度。

踏道

造踏道之制，廣隨間廣，每階基高一尺，底長二尺五寸，每一踏高四寸，廣一尺二寸，兩頰內線道，各厚二寸，若階基高八塼，其兩頰內地栿柱子等平雙轉一周，以次單轉一周，退入一寸，又以次單轉一周，當心爲象眼每階基加三塼，兩頰內單轉加一周，若階基高二十塼以上者，兩頰內平雙轉加一周，踏道下線道亦如之。

慢道

壘砌慢道之制，城門慢道，每露臺塼基高一尺，拽腳，斜長五尺，廳堂等慢道，每階基高一尺拽腳，斜長四尺，作三瓣蟬翅，當中隨間之廣，每斜長一尺，加四寸，爲兩側翅瓣下之廣，若作五瓣蟬翅，其兩側翅瓣下，取斜長四分之三凡慢道面塼露齦，皆深三分。

須彌坐

壘砌須彌坐之制，共高一十三塼，以二塼相並，以此爲率，自下一層與地平上施單混肚塼一層，次上牙腳塼一層，次上罨牙塼一層，次上合蓮塼一層，次上束腰塼一層，次上仰蓮塼一層，次上壺門柱子塼三層，次上罨澁塼一層，次上方澁平塼兩層，如高下不同，約此率隨宜加減之。

塼牆

壘塼牆之制，每高一尺，底廣五寸，每面斜收一寸，若麤砌，斜收一寸三分，以此爲率。

露道

砌露道之制，長廣量地取宜，兩邊各側砌雙線道，其内平鋪砌，或側塼虹面壘砌，兩邊各側砌，四塼爲線。

城壁水道

壘城壁水道之制，隨城之高勻分蹬踏，每踏高二尺，廣六寸，以三塼相並，面與城平，廣四尺七寸，水道廣一尺一寸，深六寸，兩邊各廣一尺八寸，地下砌側塼，散水方六尺。

卷輂河渠口

壘砌卷輂河渠塼口之制，長廣隨所用，單眼卷輂者，先於渠底鋪地面磚一重，每河渠深一尺，以二塼相並，壘兩壁，塼高五寸，如深廣五尺以上者，心内以三塼相並，其卷輂隨圜分側用塼，其上繳背順鋪條塼，如雙眼卷輂者，兩壁塼以三塼相並，心内以六塼相並，餘並同單眼卷輂之制。

接甑口

壘接甑口之制，口徑隨釜或鍋，先以口徑圜樣，取逐層塼定樣折磨，口徑内以二塼相並，上鋪方塼一重爲面，其高隨所用。

馬臺

壘馬臺之制，高一尺六寸，分作兩踏，上踏方二尺四寸，下踏廣一尺，以此爲率。

馬槽

壘馬槽之制，高二尺六寸，廣三尺，長隨間廣，其下以五塼相並，壘高六塼，其上四邊壘塼一周，高三塼，次於槽內四壁，側倚方塼一周，方塼之上，鋪條塼覆面一重，次於槽底鋪方塼一重，爲槽底面。

井

甃井之制，以水面徑四尺爲法。

凡甃井，於所留水面徑外，四周各廣二尺開掘，其塼甋用竹并蘆蓆編夾，壘及一丈，閃下甃砌，若舊井損兌，難於修補者，即於井外各展掘一尺，攏套接壘下甃。

瓦

造瓦坯，用細膠土，不夾砂者，前一日，和泥造坯，先於輪上安定札圈，次套布筒，以水搭泥，撥圈打搭，收光取札，並布筒曒曝。

凡造瓦坯之制，候曝微乾，用刀剺畫，每桶作四片線道條子瓦，仍以水飾，露明處一邊。

塼

造塼坯，前一日，和泥打造。

凡造塼坯之制，皆先用灰襯隔模匣，次入泥，以杖剖脫，曝令乾。

瑠璃瓦等 炒造黃丹附

凡造瑠璃瓦等之制，藥以黃丹、洛河石、和銅末，用水調勻，甋瓦於背面，鴟獸之類，於安卓露明處，並徧澆刷，瓪瓦於仰面內中心。

凡合瑠璃藥所用黃丹闕炒造之制，以黑錫、盆硝等入鑊煎一日爲粗扇，出候冷，擣羅作末，次日再炒，塼蓋罨，第三日炒成。

青掍瓦滑石掍　茶土掍

青掍瓦等之制，以乾坯用瓦石磨擦，次用水溼布揩拭候乾，次以洛河石掍研，次摻滑石末令勻。

燒變次序

凡燒變塼瓦之制，素白窰前一日裝窰，次日下火燒變，又次日上水窨，更三日開，候冷透，及七日出窰。青掍窰先燒芟草，次蒿草、松柏柴、羊屎、麻籸、濃油，蓋罨不令透煙，瑠璃窰前一日裝窰，次日下火燒變，三日開窰，火候冷至第五日出窰。

壘造窰

壘窰之制，大窰高二丈二尺四寸，徑一丈八尺。

凡壘窰用長一尺二寸廣六寸厚二寸條塼，平坐並窰門、子門、窰牀、踏、外圍道，皆並二砌，其窰池下面，作蛾眉壘砌承重，上側，使暗突出煙。

敬啟

『民國專題史』叢書，乃民國時期出版的著名學者、專家在某一專題領域的學術成果。所收圖書絶大部分著作權已進入公有領域，但仍有極少圖書著作權還在保護期内，需按相關要求支付著作權人或繼承人報酬。因未能全部聯系到相關著作權人，請見到此説明者及時與河南人民出版社聯系。

聯系人　楊光
聯系電話　0371-65788063